試して学ぶ
Docker
コンテナ開発

櫻井 洋一郎、村崎 大輔 [著]

本書のサポートサイト

本書のサンプルデータ、補足情報、訂正情報などを掲載します。適宜ご参照ください。
https://book.mynavi.jp/supportsite/detail/9784839967673.html

- 本書は2019年6月段階での情報に基づいて執筆されています。
  本書に登場する製品やソフトウェア、サービスのバージョン、画面、機能、URL、製品のスペックなどの情報は、
  すべてその原稿執筆時点でのものです。
  執筆以降に変更されている可能性がありますので、ご了承ください。

- 本書に記載された内容は、情報の提供のみを目的としております。
  したがって、本書を用いての運用はすべてお客様自身の責任と判断において行ってください。

- 本書の制作にあたっては正確な記述につとめましたが、
  著者や出版社のいずれも、本書の内容に関してなんらかの保証をするものではなく、
  内容に関するいかなる運用結果についてもいっさいの責任を負いません。あらかじめご了承ください。

- 本書中の会社名や商品名は、該当する各社の商標または登録商標です。
  本書中ではTMおよび®マークは省略させていただいております。

はじめに

　前著である「Dockerによるアプリケーション開発環境構築ガイド」では、Dockerとはどういった技術なのかという話から、Dockerコマンドの使い方や自分好みのDockerイメージを作成するためのDockerfileの書き方、そして複数のDockerコンテナをオーケストレーションするためのツールとしてdocker-composeやKubernetesの紹介など、Dockerを使うと何ができるかについてフォーカスした内容でした。

　本書では、Dockerを用いて皆様が普段行うようなWebアプリケーション開発をどのように構築するか、またその環境をDockerで作ることによってどのように開発を効率化させることができるかにフォーカスした内容となっております。そのため本書を通して学習することによって、複数の開発言語のメジャーフレームワークの開発環境を構築することができるようになりますので、普段経験したことのない言語にも取り組むきっかけとなりましたら幸いです。

　今回も共に執筆に参加いただいた村崎さんには本書における多数の章をご執筆いただきました。村崎さんの幅広い言語知識と経験を尊敬すると共に深く感謝をいたします。

櫻井 洋一郎

　前著の「Dockerによるアプリケーション開発環境構築ガイド」に続き、2冊目のDocker本を執筆させていただくことになりました。

　本書では開発環境のバリエーションを広げるべく、様々な開発環境におけるDockerの使い方を前著同様のチュートリアル形式で解説しています。対象はWebアプリケーションや機械学習の領域で用いられているものから、PHPのLaravel、Node.jsのNuxt.js、RubyのSinatraとRuby on Rails、PythonのPyTorchとしました。

　各々の解説は独立したものとなっているので、自分が経験していない言語やフレームワークを試すのにも良いでしょう。PyTorchはNVIDIA DockerでGPUを使うことがゴールになっていますが、できるだけNVIDIA Dockerを使わずに試せるような構成を心がけました。Dockerの基本的な使い方については前著で詳しく解説していますので、適宜ご参照ください。

　共著者の櫻井さんにはLaravelやNuxt.jsの部分などをメインに執筆していただきました。お互いの得意分野を持ち寄ることで充実した内容にできたと思います。この場を借りて深く感謝いたします。また、編集の樋山さんをはじめ、出版に関わった皆様にも深く感謝いたします。

村崎 大輔

Chapter 1　Dockerの基本　001

1-1　はじめに　002
この本の目的　002
本書を読み進めるにあたって　003

1-2　Dockerとは　006
コンテナ型の仮想化について　006
Dockerのイメージについて　007
Dockerを開発運用フローを改善するためのソリューションとして考える　008
Docker Composeについて　008

1-3　Dockerのインストール　009
Linux（Ubuntu）の場合　009
Windowsの場合　018
macOSの場合　026

1-4　Dockerのコマンドや命令　032
Docker CLIのコマンド　032
Dockerfileの命令　036
Docker Composeのコマンド　037

Chapter 2　実行環境としてのDockerイメージを構築する　039

2-1　PHPの実行環境の構築　040
Laravelの環境　040
最初のプロジェクトの雛形作り　041
プロジェクトの雛形を使った実行環境イメージの作成　043
効率的なbuildをするための設定　045
ローカルでの開発環境　052

	認証の導入	054
2-2	**Node.jsの実行環境の構築**	**062**
	Node.jsの環境	062
	最初のプロジェクトの雛形作り	063
	プロジェクトの雛形を使った実行環境イメージの作成	070
	効率的なbuildをするための設定	073
	ローカルでの開発環境	076
	Node実行環境のinitオプションについて	084
2-3	**Rubyの実行環境の構築**	**089**
	Sinatraとは	089
	前準備	090
	Docker Composeのプロジェクトを作る	091
	ベースイメージの動作を確認してみる	092
	ホスト環境のディレクトリにアクセスできるように設定する	095
	Sinatraをインストールする	097
	Webサーバーを実行してみる	118

Chapter 3　開発作業に適したDocker環境を構築する　　133

3-1	**Ruby on Railsの実行環境を構築する**	**134**
	Ruby on Railsとは	134
	前準備	135
	Docker Composeのプロジェクトを作る	136
	Node.js環境を追加する	141
	Node.jsのパッケージが使えるようにする	151
3-2	**Railsのアプリケーションを作成する**	**154**
	Railsコマンドでファイル一式を作成する	154

	Bundlerの設定を追加する	157
	Gemfileの依存関係を修正する	159
	Webサーバーを立ち上げて動作を確認する	161
3-3	**開発に必要な構成を追加する**	**163**
	コンテナの立ち上げ時にクリーンアップをおこなう	163
	開発用ツールの設定を修正する	164
	Springを使うための構成を追加する	168
	Webpackerを使うための構成を追加する	172
	データベースサーバーを動かす（PostgreSQL）	178
	データベースサーバーを動かす（MySQL）	183

Chapter 4　第三者が配布しているDocker環境をカスタマイズする　187

4-1	**JupyterLabの環境を作る**	**188**
	JupyterLabとは	188
	前準備	191
	Jupyter Docker Stacksについて	191
	JupyterLabのコンテナを構成する	193
	コンテナ環境のユーザー情報を設定する	196
	認証情報を固定する	200
4-2	**PyTorchが使えるようにする**	**204**
	PyTorchとは	204
	ビルドされたイメージを使うようにする	205
	ベースになっているイメージを確認しておく	206
	PyTorchをインストールしたイメージをビルドする	210
	PyTorchが使えることを確認する	213
	PyTorchのコードを動かしてみる	215

4-3	コンテナ環境でGPU（CUDA）が使えるようにする	**221**
	CUDAとは	221
	NVIDIA Dockerを使ってみる	223
	GPUで学習処理を実行してみる	229
4-4	**Visdomでデータを可視化できるようにする**	**237**
	Visdomとは	237
	Visdomサーバーが動作するコンテナを定義する	238
	Visdomサーバーの動作を確認する	239
	学習処理の進捗をリアルタイムで表示させてみる	243
	デフォルト設定のままVisdomが使えるようにする	244

Chapter 5　Dockerの機能を使いこなす　　245

5-1	**Dockerのイメージについて**	**246**
	イメージとレイヤー	246
	レイヤーを調べる	247
	イメージサイズを最適化する	253
	マルチステージビルドを使う	267
	Alpineイメージを使う	270
	BuildKitを使う	277
5-2	**エントリーポイントを使いこなす**	**289**
	ENTRYPOINTとCMDの違い	289
	docker-entrypoint.shを用意する	292
	ENTRYPOINTのたたき台	293
	コマンドの内容を編集する	295
	前処理を実行させる	299

5-3	ボリュームとネットワーク	**304**
	Docker Desktop for Macでのボリューム共有	304
	インストール時に作成されるネットワーク	308
	独立したネットワークを利用する	315
	プライベートIP帯の衝突回避について	317

索引   **321**

Chapter 1

Dockerの基本

本章では、本書で扱っているDockerやDocker Composeについて簡単に解説したのち、後の章で必要になるDocker環境のインストール手順について述べます。
最後に、Dockerで使える機能を一望できるよう、Docker CLIやDocker Composeで使えるコマンドを一覧にまとめました。

1-1 はじめに

この本は仮想化技術の一つであるDockerの使い方に関する解説書です。イメージのビルドに重点をおいて解説しています。

いくつかの言語やフレームワークを対象に、2章以降ではDockerイメージをビルドしたりDockerコンテナ上で動作確認したり、開発作業を進めるための手順をチュートリアル形式で紹介しています。Dockerを使うと開発に必要な環境を簡単に用意することができます。ただ読んでみるだけではなく、ぜひ自分の手で試してDockerの世界観を体験してみてください。

1-1-1 この本の目的

この本は主な読者層としてソフトウェアの開発者、特にWebサービスのようなアプリケーションの開発者を想定しています。自分たちで開発したアプリケーションをDockerのコンテナ環境として動かせるようになり、その環境を使って開発作業が行えるようになることを目的としています。

本書で想定しているユーザー

本書はコンピュータソフトウェアの開発者や運用者のうち、LinuxやMacといったUNIXライクな環境を対象としたソフトウェア、特にWebアプリケーションの開発運用に携わる技術者（エンジニア）を対象にしています。

後述するように、Dockerはコンテナ型の仮想化技術の一つであり、サービスの運用の領域で話題になることの多いソフトウェア技術の一つです。しかしながら、いわゆるDevOpsと呼ばれている、運用（Ops：Operations）と開発（Dev：Development）を高度に連携させて双方の境界をあいまいにするための手段としてDockerが用いられるようにもなっています。

これまでの開発運用の場面では、各々の開発者や運用者が手順書に従ってコマンドを手作業で実行する必要があり、環境によっては手順書通りにいかなくてトラブルシュートに苦労した場合もあったのではないでしょうか？ Dockerでは手順がスクリプト化されており、アプリケーションは仮想化された同じ環境で実行されるのでトラブルシュートが容易になります。開発側寄りの領域では、アプリケーションをビルドするための環境や手順をDockerのイメージ構築の手順として提供するよ

うな利用法も増えてきているようです。

また、開発環境の構築手順と運用環境の構築手順が別々になっている場合もあるのではないでしょうか？あらかじめ適切な環境（イメージ）をDockerで構築しておくことで、環境構築の手順も「イメージを取得してコンテナ（インスタンス）を立ち上げる」という単純なステップに統一することができます。Linux環境のプロビジョニングやデプロイまでを自分でこなせるスキルを持った開発者であれば、これまでは運用者の担当であった運用環境の構築や本番運用のフローにも踏み込めるようになるでしょう。

また、Webサービスでは複数のサービスを連携して動かすことが一般的になってきています。例えばデータベースやキャッシュ用のオンメモリデータベースにアクセスしたり、マイクロサービスで設計されたアプリケーションではアプリケーションそのものが複数のサービスとして動作する場合もあるでしょう。DockerではDocker Composeを使うことで、これらの複数のサービスをひとまとめに管理することができるようになっています。Docker Composeではプロジェクトと呼ばれる単位でコンテナを管理しているので、例えばプロジェクトごとに別々のデータベースコンテナを用意することも簡単に実現できます。その結果、複数のアプリケーションを開発していても、各々が干渉しないような環境を用意することができます。

本書ではいくつかの言語やフレームワークを取り上げ、これらを用いた開発作業をDocker環境の上で行うための手順について解説しています。

1-1-2 本書を読み進めるにあたって

本書ではチュートリアル形式でDockerの使い方を解説しています。内容をよく理解するためにも、手元でチュートリアルの内容を試しつつ読み進めていただくのが望ましいです。

本書のチュートリアルで想定しているPC環境と、あらかじめ身につけておいたほうがよい周辺知識について解説します。

想定しているPC環境

チュートリアルの内容はLinux版のDocker環境を想定した内容になっています。想定している環境については、PC環境でLinux版のDocker環境を使えるようにするための導入手順も含めて解説しています。

- Linux環境の場合、DebianベースのUbuntu 18.04 LTS
- Windows環境の場合、Hyper-Vが動作する64bit版Windows 10のProfessionalもしくはEnterprise（Docker Desktop for Windowsのサポート対象）
- Mac環境の場合、macOS Sierra 10.12かそれ以降のmacOSがインストールされた、2010年かそれ以降のモデル（Docker Desktop for Macのサポート対象）

チュートリアルにはソフトウェアをインストールする手順がありますが、ここでは管理者権限が必要なことに注意してください。また、ソフトウェアのダウンロードにはインターネットへの接続が必要です。Dockerを実行する際にもイメージの取得などでインターネットにアクセスする場合があり、原則インターネットへの接続が必要であることに注意してください。

周辺知識について

チュートリアルには具体的な操作手順を記載するようにしていますが、多くのWebアプリケーション開発者が持っているであろう基本的な知識は習得済みであることを想定しています。そのため、次の知識については説明を省略しています。

- PC環境、特にWebブラウザの操作方法（URLから対象のページにアクセスする方法など）
- インターネット接続に関する設定方法（プロキシサーバーの設定方法など）
- コマンドラインベースの操作方法、例えばシェル（特にBash）やターミナルの操作方法
- エディタの操作方法（ファイルを作成編集する必要があるため）

これらの周辺知識については、別途書籍やWebサイトのリソースを参照してください。

コマンドライン操作について

本書ではDockerをコマンドライン（dockerコマンドなど）で操作することを前提に解説しています。何度も同じようなコマンドを実行することになるため、次のようなキー操作が使えるようになっているのが望ましいです。

コマンド履歴の呼び出し（Bashの場合は上下矢印キー「↑↓」や Ctrl+P、Ctrl+N、Ctrl+Rなど）
実行しようとしているコマンドの編集（Bashの場合は左右矢印キー「←→」Ctrl+B、Ctrl+F、Meta+B、Meta+F、BackspaceキーやDeleteキーなど）
Meta+BやMeta+Fは単語単位でカーソルを移動するキー操作ですが、Windowsのコンソールやmacのターミナルでは他の操作に割り当てられている場合もありますので、注意してください。

1-2 Dockerとは

Dockerは仮想環境を提供するためのソフトウェアで、**Docker, Inc.**（https://www.docker.com/）によって開発されています。
Dockerではアプリケーションが動作する環境をコンテナと呼ばれる単位で仮想化しています。
このコンテナ型の仮想化だけでなく、コンテナの元になるイメージを効率よく作成（ビルド）するための機能や、そのイメージを配布するための仕組み（Docker Hubといったリポジトリサービス）も整っているのが特徴です。
ここではDockerの仕組みについて、特にコンテナ型の仮想化とイメージに関する部分について簡単に解説します。

1-2-1 コンテナ型の仮想化について

Dockerが提供する仮想化の利点の一つに効率の良さがあります。この効率の良さはコンテナ型の仮想化と呼ばれる手法によって実現されています。
これまで仮想化の主流であったハイパーバイザ型と呼ばれる手法では、仮想化する環境の単位がハードウェア全体（VirtualBoxやVMware Fusionなど）やOS全体（XenやHyper-Vなど）になっていました。WindowsやmacOSやLinuxといった様々なOSをそのまま動かすことができる反面、ハイパーバイザと呼ばれるプログラムが仮想化のために介入する必要がありました。
これによって性能低下が発生したり、メモリやディスクといったリソースも仮想環境ごとに確保する必要があって消費量が多くなるデメリットがありました。
これに対してDockerではコンテナと呼ばれる単位で環境を仮想化しています。コンテナの実体はホストOS上のプロセス群で、各々のコンテナで隔離された状態で動いています。
隔離されているコンテナのプロセスからは、他のコンテナやホスト環境のプロセスにアクセスすることはできません。コンテナごとに別々のルートディレクトリ（アクセス可能なファイル範囲）が割り当てられ、ホスト環境とは別々のネットワークやIPアドレスが割り当てられるようになっています。また、各々のコンテナで動作するプロセスに対してホスト環境のCPUやメモリのリソースを利用できる上限を設定することができます。

プロセスの隔離にはホストOSで動作しているカーネルの機能が使われ、プロセスの実行に伴ってハイパーバイザといったプログラムが介入することはありません。また、コンテナごとにカーネルといったOSの機能が別々に実行されることもありません。Linuxで動作しているDockerの場合、プロセスを隔離するためにLinuxカーネルが提供しているcgroups (control groups)が用いられ、ルートディレクトリを分離するためにchrootが使われています。

Dockerではコンテナ内から見えるファイルはイメージという形で扱われており、実際にはホスト環境のファイルシステム上のファイルとして展開されています。ファイルシステムの機能（LinuxではAufsやOverlayFSやDevice Mapper）を用いることで、同じイメージを使って実行しているコンテナは書き込みがない限り同じファイルを参照するようになっています。

これらの理由により、Dockerが用いているコンテナ型の仮想化はハイパーバイザ型の仮想化よりも性能低下が少なく消費リソースも少ないといった利点を持っています。

1-2-2 Dockerのイメージについて

Dockerでは**immutable infrastructure**（不変なインフラ）という考え方が取り入れられています。具体的にはいったんイメージとして作成された環境を変更しないという考え方で、コンテナが動作している間にファイルを変更しても元となっているイメージが書き換わることがありません。通常のサーバー管理で行われているアプリケーションやパッケージのアップデートも、Dockerではそれらが適用済みのイメージを作り直し、新しいイメージを元にしたコンテナを立ち上げ直すことで実現しています。

このようにすることでコンテナ内の構成を固定化することができます。また、通常の環境ではサービスが動作している状態でパッケージのインストールなどが実行されますが、Dockerでイメージをビルドする際はサービスが動作していない状態でコマンド単体が実行されます。

そのため、Dockerイメージのビルドに必要な処理は単純なもので済ませられるようになっています。例えばパッケージのバージョンを新しいものにアップデートする場合を考えてみましょう。既にサービスが動いているような通常の環境では、アップデートの際に古いパッケージが既にインストールされているか考慮したり、既存の設定ファイルを下手に書き換えたりしないように配慮する必要がありました。

Dockerイメージのビルドは常に前のステップのイメージから変更を積み上げる形で実行されるため、常にまっさらな環境から新しくパッケージを入れ直しているような形で実行されます。また、サービスが立ち上がるのはビルド時ではなくコンテナの立ち上げ時なので、ビルドに伴って変更された設定を再読込させるような再起動といった手順も不要です。

1-2-3 Dockerを開発運用フローを改善するためのソリューションとして考える

Dockerを使って開発環境と本番環境の違いを小さくできるメリットを紹介してきましたが、これを発展させて開発運用フローを改善するためのソリューションとしてDockerを用いることもできます。

アプリケーションをコンテナ化することで、各々の環境でアプリケーション固有のセットアップやプロビジョニングの手順を走らせる必要が（ほぼ）なくなります。これらの作業の多くはOS内部のパッケージやファイルを用意することで、既にイメージをビルドする時点で実施済みであるためです。

デプロイで必要な手順も新しいイメージを取得してコンテナを立ち上げ直すだけになるので、本番環境の運用手順もシンプルにできます。古いイメージを残しておけば、そのイメージを使ってコンテナを立ち上げ直すだけでデプロイのロールバックができるのもメリットです。

1-2-4 Docker Composeについて

Docker Composeは複数のコンテナで動作するアプリケーションを定義して管理するためのツールです。Docker Composeでは、これらの複数コンテナをプロジェクトとサービスと呼ばれる単位で管理することができます。プロジェクトやサービスの設定はYAMLファイルによって定義され、Docker ComposeはこのYAMLファイルを読み込んでコンテナの操作を実施します。

1-3 Dockerのインストール

本節ではLinux（Ubuntu）、Windows、macOSを対象に、Dockerのインストール手順について説明します。Dockerには**Enterprise Edition（Docker EE）**と**Community Edition（Docker CE）**がありますが、ここではDocker CEについての手順を説明します。

1-3-1 Linux（Ubuntu）の場合

ここではUbuntu 18.04 LTSを対象として説明します。
他のLinux環境や最新のインストール手順については、次のURL先にある手順を参照してください。

Ubuntu：
https://docs.docker.com/install/linux/docker-ce/ubuntu/
CentOS：
https://docs.docker.com/install/linux/docker-ce/centos/
Debian：
https://docs.docker.com/install/linux/docker-ce/debian/
Fedora：
https://docs.docker.com/install/linux/docker-ce/fedora/

既にインストールされているDockerを削除する

DockerはUbuntu本体のリポジトリなどでも（別名のパッケージで）提供されています。既にこれらのパッケージが入っていれば削除しておきます。

コマンド 1-3-1-1

```
$ sudo apt-get remove docker docker-engine docker.io containerd runc
Reading package lists... Done
Building dependency tree
Reading state information... Done
Package 'docker-engine' is not installed, so not removed
Package 'containerd' is not installed, so not removed
Package 'docker' is not installed, so not removed
Package 'runc' is not installed, so not removed
Package 'docker.io' is not installed, so not removed

0 upgraded, 0 newly installed, 0 to remove and 0 not upgraded.
```

Dockerのリポジトリを追加する

パッケージ情報を更新します。

コマンド 1-3-1-2

```
$ sudo apt-get update
Hit:1 http://archive.ubuntu.com/ubuntu bionic InRelease
Get:2 http://security.ubuntu.com/ubuntu bionic-security InRelease [88.7 kB]
Get:3 http://archive.ubuntu.com/ubuntu bionic-updates InRelease [88.7 kB]
Get:4 http://archive.ubuntu.com/ubuntu bionic-backports InRelease [74.6 kB]
Get:5 http://security.ubuntu.com/ubuntu bionic-security/main amd64 Packages [295 kB]
Get:6 http://archive.ubuntu.com/ubuntu bionic-updates/main amd64 Packages [572 kB]

                          ...中略...

Reading package lists... Done
```

DockerのリポジトリはHTTPSで提供されています。**apt**コマンドで必要なパッケージを事前にインストールします。

コマンド1-3-1-3

```
$ sudo apt-get install -y apt-transport-https ca-certificates curl gnupg-agent software-
properties-common
Reading package lists... Done
Building dependency tree
Reading state information... Done
ca-certificates is already the newest version (20180409).
The following additional packages will be installed:
  dirmngr gnupg gnupg-l10n gnupg-utils gpg gpg-agent gpg-wks-client gpg-wks-server gpgconf gpgsm
gpgv libcurl4
  python3-software-properties
Suggested packages:
  dbus-user-session pinentry-gnome3 tor parcimonie xloadimage scdaemon
Recommended packages:
  unattended-upgrades
The following NEW packages will be installed:
  apt-transport-https gnupg-agent
The following packages will be upgraded:
  curl dirmngr gnupg gnupg-l10n gnupg-utils gpg gpg-agent gpg-wks-client gpg-wks-server gpgconf
gpgsm gpgv libcurl4
  python3-software-properties software-properties-common
15 upgraded, 2 newly installed, 0 to remove and 116 not upgraded.
Need to get 2,559 kB of archives.
After this operation, 210 kB of additional disk space will be used.
Get:1 http://archive.ubuntu.com/ubuntu bionic-updates/main amd64 gpg-wks-client amd64
2.2.4-1ubuntu1.2 [91.9 kB]

                                      ...中略...

Setting up software-properties-common (0.96.24.32.7) ...
Setting up gnupg (2.2.4-1ubuntu1.2) ...
```

Dockerが提供しているパッケージの署名が検証できるように、GPG鍵を追加します。

コマンド1-3-1-4

```
$ curl -fsSL https://download.docker.com/linux/ubuntu/gpg | sudo apt-key add -
OK
```

追加された鍵のフィンガープリントを表示させ、Dockerが宣言しているものと正しいことを検証します。

コマンド1-3-1-5

```
$ sudo apt-key fingerprint 0EBFCD88
pub   rsa4096 2017-02-22 [SCEA]
      9DC8 5822 9FC7 DD38 854A  E2D8 8D81 803C 0EBF CD88
uid           [ unknown] Docker Release (CE deb) <docker@docker.com>
sub   rsa4096 2017-02-22 [S]
```

Dockerのリポジトリを追加します。

Ubuntu環境が**amd64（x86_64）**アーキテクチャで実行されている場合は次のコマンドを実行します。ここでは**stableチャネル**を使うようにしています。

コマンド1-3-1-6

```
$ sudo add-apt-repository "deb [arch=amd64] https://download.docker.com/linux/ubuntu $(lsb_release -cs) stable"
Get:1 https://download.docker.com/linux/ubuntu bionic InRelease [64.4 kB]
Get:2 http://security.ubuntu.com/ubuntu bionic-security InRelease [88.7 kB]
Get:3 https://download.docker.com/linux/ubuntu bionic/stable amd64 Packages [5,673 B]
Hit:4 http://archive.ubuntu.com/ubuntu bionic InRelease
Get:5 http://archive.ubuntu.com/ubuntu bionic-updates InRelease [88.7 kB]
Get:6 http://archive.ubuntu.com/ubuntu bionic-backports InRelease [74.6 kB]
Fetched 322 kB in 2s (157 kB/s)
Reading package lists... Done
```

Dockerをインストールする

パッケージリストを更新しておきます。

コマンド1-3-1-7

```
$ sudo apt-get update
Hit:1 https://download.docker.com/linux/ubuntu bionic InRelease
Get:2 http://security.ubuntu.com/ubuntu bionic-security InRelease [88.7 kB]
Hit:3 http://archive.ubuntu.com/ubuntu bionic InRelease
Get:4 http://archive.ubuntu.com/ubuntu bionic-updates InRelease [88.7 kB]
```

```
Get:5 http://archive.ubuntu.com/ubuntu bionic-backports InRelease [74.6 kB]
Fetched 252 kB in 2s (112 kB/s)
Reading package lists... Done
```

Docker CEをインストールします。

コマンド1-3-1-8

```
$ sudo apt-get install -y docker-ce docker-ce-cli containerd.io
Reading package lists... Done
Building dependency tree
Reading state information... Done
The following additional packages will be installed:
  aufs-tools cgroupfs-mount libltdl7 pigz
The following NEW packages will be installed:
  aufs-tools cgroupfs-mount containerd.io docker-ce docker-ce-cli libltdl7 pigz
0 upgraded, 7 newly installed, 0 to remove and 116 not upgraded.
Need to get 50.7 MB of archives.
After this operation, 243 MB of additional disk space will be used.
Get:1 https://download.docker.com/linux/ubuntu bionic/stable amd64 containerd.io amd64 1.2.5-1
[19.9 MB]
Get:2 http://archive.ubuntu.com/ubuntu bionic/universe amd64 pigz amd64 2.4-1 [57.4 kB]
Get:3 https://download.docker.com/linux/ubuntu bionic/stable amd64 docker-ce-cli amd64
5:18.09.4~3-0~ubuntu-bionic [13.2 MB]

                                    ...中略...

Setting up docker-ce (5:18.09.4~3-0~ubuntu-bionic) ...
update-alternatives: using /usr/bin/dockerd-ce to provide /usr/bin/dockerd (dockerd) in auto
mode
Created symlink /etc/systemd/system/multi-user.target.wants/docker.service→/lib/systemd/system/
docker.service.
Created symlink /etc/systemd/system/sockets.target.wants/docker.socket→/lib/systemd/system/
docker.socket.
Processing triggers for ureadahead (0.100.0-20) ...
Processing triggers for libc-bin (2.27-3ubuntu1) ...
Processing triggers for systemd (237-3ubuntu10.9) ...
```

Dockerがインストールできたことを確認します。

コマンド1-3-1-9

```
$ sudo docker version
Client:
 Version:           18.09.4
 API version:       1.39
 Go version:        go1.10.8
 Git commit:        d14af54266
 Built:             Wed Mar 27 18:35:44 2019
 OS/Arch:           linux/amd64
 Experimental:      false

Server: Docker Engine - Community
 Engine:
  Version:          18.09.4
  API version:      1.39 (minimum version 1.12)
  Go version:       go1.10.8
  Git commit:       d14af54
  Built:            Wed Mar 27 18:01:48 2019
  OS/Arch:          linux/amd64
  Experimental:     false
```

hello-worldコンテナを実行し、イメージ取得とコンテナ実行のテストをしてみます。

コマンド1-3-1-10

```
$ sudo docker run hello-world
Unable to find image 'hello-world:latest' locally
latest: Pulling from library/hello-world
1b930d010525: Pull complete
Digest: sha256:2557e3c07ed1e38f26e389462d03ed943586f744621577a99efb77324b0fe535
Status: Downloaded newer image for hello-world:latest

Hello from Docker!
This message shows that your installation appears to be working correctly.

To generate this message, Docker took the following steps:
 1. The Docker client contacted the Docker daemon.
 2. The Docker daemon pulled the "hello-world" image from the Docker Hub.
    (amd64)
 3. The Docker daemon created a new container from that image which runs the
```

```
   executable that produces the output you are currently reading.
4. The Docker daemon streamed that output to the Docker client, which sent it
   to your terminal.

To try something more ambitious, you can run an Ubuntu container with:
 $ docker run -it ubuntu bash

Share images, automate workflows, and more with a free Docker ID:
 https://hub.docker.com/

For more examples and ideas, visit:
 https://docs.docker.com/get-started/
```

Docker Composeをインストールする

次に**Docker Compose**をインストールします。
最新の手順に関してはこちらを参照してください。

　　https://docs.docker.com/compose/install/

コマンド実行ファイルをダウンロードします。

コマンド1-3-1-11

```
$ sudo curl -L "https://github.com/docker/compose/releases/download/1.23.2/docker-compose-
$(uname -s)-$(uname -m)" -o /usr/local/bin/docker-compose
  % Total    % Received % Xferd  Average Speed   Time    Time     Time  Current
                                 Dload  Upload   Total   Spent    Left  Speed
100   617    0   617    0     0    988      0 --:--:-- --:--:-- --:--:--   987
100 11.2M  100 11.2M    0     0  1603k      0  0:00:07  0:00:07 --:--:-- 2272k
```

ここでは、(後述の) Docker Desktopでインストールされるバージョンと同じ1.23.2をダウンロードしました。

実行ファイルに実行権限を付与して、**docker-compose**がインストールできたことを確認します。

コマンド1-3-1-12

```
$ sudo chmod +x /usr/local/bin/docker-compose
$ docker-compose version
docker-compose version 1.23.2, build 1110ad01
docker-py version: 3.6.0
CPython version: 3.6.7
OpenSSL version: OpenSSL 1.1.0f  25 May 2017
```

Dockerコマンドをsudoなしで実行できるようにする

インストール直後の状態では、**docker**コマンドを**sudo**なしで実行すると次のようなエラーになります。

コマンド1-3-1-13

```
$ docker version
Client:
 Version:           18.09.4
 API version:       1.39
 Go version:        go1.10.8
 Git commit:        d14af54266
 Built:             Wed Mar 27 18:35:44 2019
 OS/Arch:           linux/amd64
 Experimental:      false
Got permission denied while trying to connect to the Docker daemon socket at unix:///var/run/
docker.sock: Get http://%2Fvar%2Frun%2Fdocker.sock/v1.39/version: dial unix /var/run/docker.
sock: connect: permission denied
```

Dockerコマンドをsudoなしで実行したい場合は、そのユーザーを**docker**グループへ追加する必要があります。しかしながら、一般的にDockerサーバーは**root**権限で動作しており、コンテナの立ち上げ方によってはホスト環境の**root**として実行することもできます。そのため、**docker**グループへ追加する場合はホスト環境の**root**へのアクセスを与えていることに等しい点に注意してください。

現在ログインしているユーザーをdockerグループへ追加するためには、次のコマンドを実行します。

コマンド1-3-1-14
```
$ sudo usermod -aG docker "$(id -nu)"
```

ここで一度ログアウトしてからログインし直します。ログイン後に`id`コマンドを実行して、`docker`グループが追加されていることを確認します。

コマンド1-3-1-15
```
$ id -nG
ubuntu adm cdrom sudo dip plugdev lxd lpadmin sambashare docker
```

コマンドを`sudo`なしで実行できることを確認します。

コマンド1-3-1-16
```
$ docker version
Client:

                          ...中略...

Server: Docker Engine - Community

                          ...中略...
```

1-3-2 Windowsの場合

Windowsの場合は**Docker Desktop for Windows**をインストールすることでDockerとDocker Composeが使えるようになります。Docker Desktop for Windowsの動作には64bit版Windows 10のProfessionalもしくはEnterpriseが必要です。

最新のインストール手順については次のURLを参照してください。

　　https://docs.docker.com/docker-for-windows/install/

Hyper-Vを有効にする

Docker Desktop for Windowsを動かすためには、あらかじめHyper-Vを有効にしておく必要があります。Hyper-Vを有効にするには、管理者としてPowerShellコンソールを開いてから次のコマンドを実行します。

コマンド1-3-2-1

```
Enable-WindowsOptionalFeature -Online -FeatureName Microsoft-Hyper-V -All
```

コマンドの実行時にHyper-Vが有効でなかった場合、Hyper-Vを有効にするためにコンピューターの再起動が必要になります。次のようなプロンプトが表示されたら「**Y**」を入力して再起動します。

図1-3-2-1：Hyper-Vの有効化

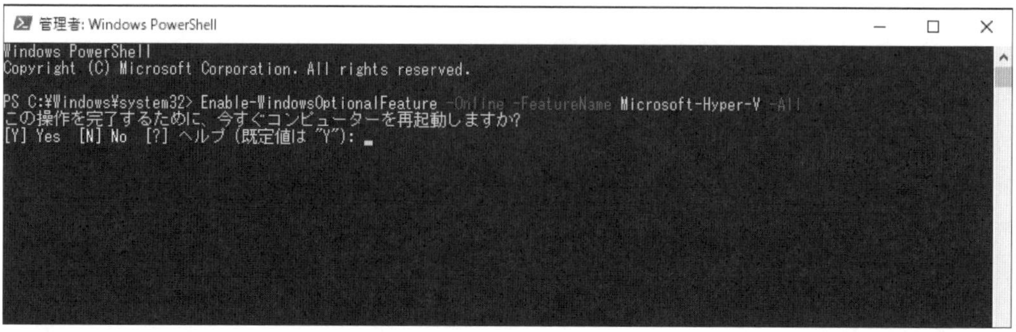

インストーラーをダウンロードする

Docker Desktop for WindowsはWindowsのインストーラーとして提供されており、次のURLからダウンロードできます。

https://hub.docker.com/editions/community/docker-ce-desktop-windows

画面右側にある「**Get Docker**」ボタンをクリックしてファイルをダウンロードします。画面右側のボタンが「**Please Login To Download**」となっている場合は、あらかじめDocker Hubのアカウントを作成してログインしてください。

図1-3-2-2：Docker Desktop for Windowsダウンロードページ

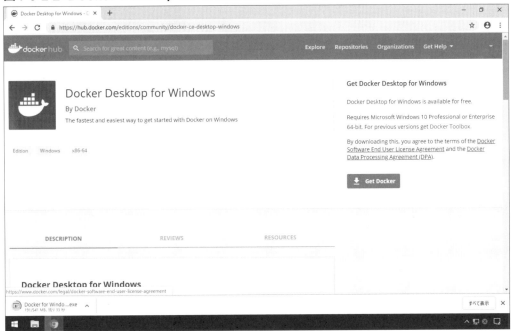

もしくは、執筆時点では次のURLからインストーラーファイルを直接ダウンロードすることもできるようです。

https://download.docker.com/win/stable/Docker for Windows Installer.exe

Docker Desktopをインストールする

ダウンロードしたインストーラーを実行します。

図1-3-2-3：Docker Desktopインストーラの実行

ユーザーアカウント制御（UAC）の設定によってはデバイス変更の許可を求めるダイアログが表示されるので、「**はい**」を選択します。

図1-3-2-4：デバイス変更の許可を求めるダイアログ

インストーラーは、最初に必要なパッケージをダウンロードします。

図1-3-2-5：インストーラーの初期画面

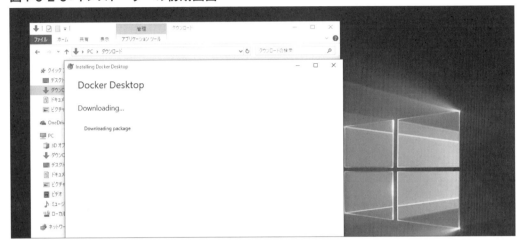

インストール時の設定を確認されます。最初のチェックボックスはデスクトップにショートカットアイコンを作成するかどうかの設定です。2番目にある「**Use Windows containers instead of Linux containers**」はLinux版ではなくWindows版のコンテナ環境を使うための設定です。本書ではLinux版のコンテナ環境を使うことを想定していますので、この設定はチェックをつけずに「**Ok**」ボタンをクリックしてください。

図1-3-2-6：インストールの設定画面

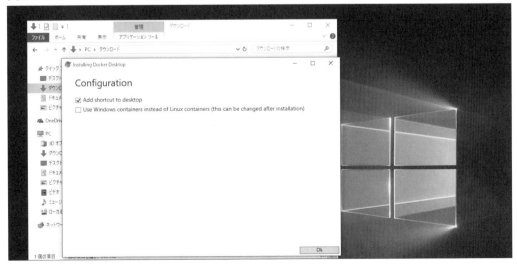

インストールが始まります。完了するまで待ちましょう。

図1-3-2-7：インストール中

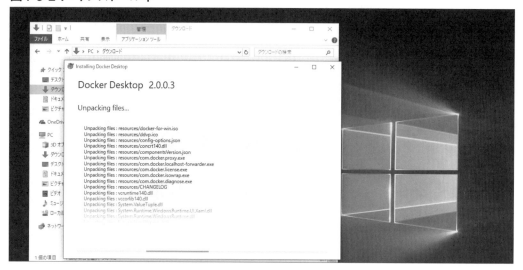

インストールが完了したら「**Close**」ボタンをクリックします。

図1-3-2-8：インストール完了

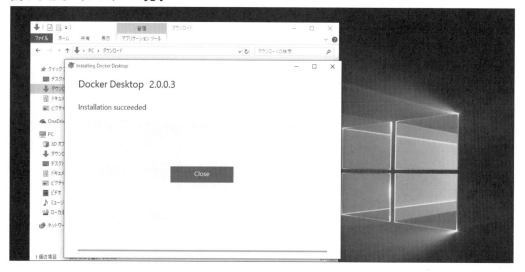

スタートメニューからDocker Desktopをクリックして実行します。

図1-3-2-9：Docker Desktopの実行

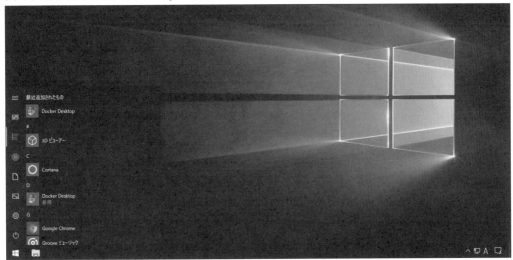

通知領域にDockerアイコンが表示されます。起動直後は下図のように「**Docker Desktop is starting...**」というツールチップが表示されます。

図1-3-2-10：通知領域に表示されたDockerアイコン

時間が経つとポップアップが表示され、ダイアログ上部には緑色のステータスと「**Docker Desktop is now up and running!**」というメッセージが表示されます。

図1-3-2-11：Docker Desktopのポップアップ（実行中）

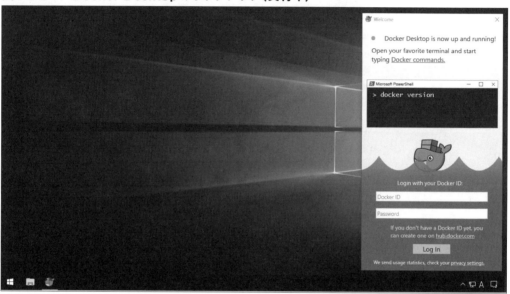

コマンドラインからもDocker Desktopのインストールと起動が完了したことを確認します。PowerShellコンソールを開き、`docker version`コマンドを実行します。次図のようにClientとServerの両方のバージョンが表示されたら成功です。

コマンド1-3-2-2

```
PS> docker version
Client: Docker Engine - Community
 Version:           18.09.2
 API version:       1.39
 Go version:        go1.10.8
 Git commit:        6247962
 Built:             Sun Feb 10 04:12:31 2019
 OS/Arch:           windows/amd64
 Experimental:      false

Server: Docker Engine - Community
 Engine:
  Version:          18.09.2
```

```
API version:      1.39 (minimum version 1.12)
Go version:       go1.10.6
Git commit:       6247962
Built:            Sun Feb 10 04:13:06 2019
OS/Arch:          linux/amd64
Experimental:     false
```

同様にDocker Composeのバージョンを確認します。PowerShellコンソールから**docker-compose version**コマンドを実行します。

コマンド1-3-2-3

```
PS> docker-compose version
docker-compose version 1.23.2, build 1110ad01
docker-py version: 3.6.0
CPython version: 3.6.6
OpenSSL version: OpenSSL 1.0.2o  27 Mar 2018
```

最後に、インストール時に設定したLinux版のコンテナが使われていることも確認しておきます。次のように**docker info**コマンドを実行します。

コマンド1-3-2-4

```
PS> docker info -f '{{.OSType}}'
linux
```

他にもbusyboxコンテナなどにも含まれている**uname**コマンドを使うことで、コンテナ内部からも環境を確認することができます。

コマンド1-3-2-5

```
PS> docker run busybox uname -a
Unable to find image 'busybox:latest' locally
latest: Pulling from library/busybox
fc1a6b909f82: Pull complete
Digest: sha256:954e1f01e80ce09d0887ff6ea10b13a812cb01932a0781d6b0cc23f743a874fd
Status: Downloaded newer image for busybox:latest
Linux 4a805de11033 4.9.125-linuxkit #1 SMP Fri Sep 7 08:20:28 UTC 2018 x86_64 GNU/Linux
```

以上でWindowsにおけるDocker Desktopのインストール手順は完了です。

1-3-3 macOSの場合

macOSの場合は**Docker Desktop for Mac**をインストールすることでDockerとDocker Composeが使えるようになります。Docker Desktop for Macは**macOS Sierra 10.12**とそれ以降のバージョンに対応しています。

最新のインストール手順については次のURLを参照してください。

https://docs.docker.com/docker-for-mac/install/

インストーラーをダウンロードする

Docker Desktop for MacはmacOS向けのディスクイメージファイル（dmgファイル）として提供されており、次のURLからダウンロードできます。

https://hub.docker.com/editions/community/docker-ce-desktop-mac

画面右側にある「**Get Docker**」のボタンをクリックしてファイルをダウンロードします。画面右側のボタンが「**Please Login To Download**」となっている場合は、あらかじめDocker Hubのアカウントを作成してログインしてください。

図1-3-3-1：Docker Desktop for Mac ダウンロードページ

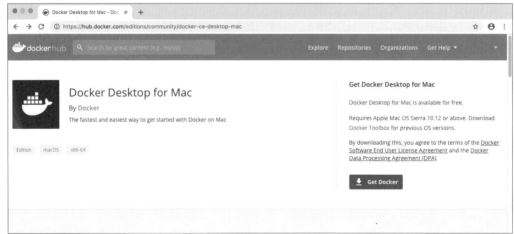

もしくは、次のURL（2019年5月現在）からdmgファイルを直接ダウンロードすることもできます。

https://download.docker.com/mac/stable/Docker.dmg

Docker Desktopをインストールする

ダウンロードしたdmgファイルを開きます。dmgファイルを開くと次図のようなウィンドウが表示されるので、DockerのアイコンをApplications（アプリケーション）フォルダにドラッグ&ドロップします。

図1-3-3-2：Applicationsフォルダにドラッグ&ドロップ

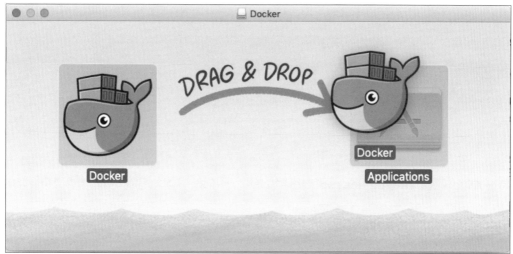

アプリケーションがアプリケーションフォルダにコピーされたらアプリケーションを起動します。Applicationsフォルダをダブルクリックするとアプリケーションフォルダが開きますので、続けてDockerアプリケーションのアイコンをダブルクリックします。インターネット経由でダウンロードしたアプリケーションのため、初回起動時には警告ダイアログと共に表示されますが、「開く」をクリックして続けましょう。

図1-3-2-3：初回起動時の警告ダイアログ

アプリケーションを開くとWelcomeメッセージと共にダイアログが表示されます。

図1-3-3-4：Welcomeメッセージ

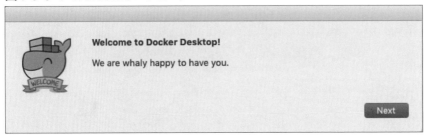

特権アクセス（privileged access）が必要な旨を伝えるダイアログが表示されますので「OK」をクリックします。

図1-3-3-5：特権アクセスが必要な旨のメッセージ

特権アクセスを承認するために管理者権限を持つアカウントのパスワードを求められます。パスワードを入力し、「**ヘルパーをインストール**」ボタンをクリックします。

図1-3-3-6：特権アクセスの認証画面

ここまで完了するとDocker Desktopが起動し、ステータスバーにDockerアイコンが表示され、同時に次のようなポップアップが表示されます。起動直後のポップアップでは、ダイアログ上部には黄色のステータスと「**Docker Desktop is starting…**」というメッセージが表示されます。

図1-3-3-7：Docker Desktopのポップアップ（起動中）

時間が経つと黄色で表示されていたステータスが緑色に変わり、メッセージも「**Docker Desktop is now up and running!**」と表示されます。

図1-3-3-8：Docker Desktopのポップアップ（実行中）

コマンドラインからもDocker Desktopのインストールと起動が完了したことを確認します。ターミナルを開き、次のように**docker version**コマンドを実行します。次のようにClientとServerの両方のバージョンが表示されたら成功です。

コマンド1-3-3-1

```
$ docker version
Client: Docker Engine - Community
 Version:           18.09.2
 API version:       1.39
 Go version:        go1.10.8
 Git commit:        6247962
 Built:             Sun Feb 10 04:12:39 2019
 OS/Arch:           darwin/amd64
 Experimental:      false

Server: Docker Engine - Community
 Engine:
  Version:          18.09.2
  API version:      1.39 (minimum version 1.12)
  Go version:       go1.10.6
```

```
 Git commit:      6247962
 Built:           Sun Feb 10 04:13:06 2019
 OS/Arch:         linux/amd64
 Experimental:    false
```

仮想マシンが動作していないなど、Dockerサーバーへアクセスできない場合は次のようなエラーメッセージが表示されます。

コマンド1-3-3-2

```
$ docker version
Client: Docker Engine - Community
 Version:           18.09.2
 API version:       1.39
 Go version:        go1.10.8
 Git commit:        6247962
 Built:             Sun Feb 10 04:12:39 2019
 OS/Arch:           darwin/amd64
 Experimental:      false
Cannot connect to the Docker daemon at unix:///var/run/docker.sock. Is the docker daemon running?
```

同様にDocker Composeのバージョンを確認します。ターミナルから`docker-compose version`コマンドを実行します。

コマンド1-3-3-3

```
$ docker-compose version
docker-compose version 1.23.2, build 1110ad01
docker-py version: 3.6.0
CPython version: 3.6.6
OpenSSL version: OpenSSL 1.1.0h  27 Mar 2018
```

以上でmacOSにおけるDocker Desktopのインストール手順は完了です。

1-4 Dockerのコマンドや命令

ここではDockerのコマンドやDockerfileの命令についてまとめます。

1-4-1 Docker CLIのコマンド

Dockerを操作するためのインタフェースとして**Dockerコマンド（Docker CLI）**が用意されています。このコマンドは具体的な操作を指定するための子コマンドが用意されており、`docker COMMAND`のように実行することができます。子コマンドの説明は`docker COMMAND --help`で確認することができます。

コマンドの詳細については次のURLを参照してください。

Docker公式のドキュメント：
https://docs.docker.com/engine/reference/commandline/docker/
Dockerドキュメント日本語化プロジェクトによる翻訳：
http://docs.docker.jp/engine/reference/commandline/

イメージの管理コマンド

イメージはコンテナを作る際のたたき台となるもので、コンテナ内部のファイルシステム一式などが含まれています。

表1-4-1-1：イメージの管理コマンド

コマンド	意味
docker image build docker build	Dockerfileからイメージをビルドする
docker image history docker history	イメージの生成履歴を表示する
docker image import docker import	tarアーカイブ（docker container exportで取り出したものなど）からイメージを作成する

コマンド	意味
docker image inspect	イメージの詳細な情報を表示する
docker image load docker load	tarアーカイブ (docker image saveで出力したもの) からイメージを読み込む
docker image ls docker images	イメージの一覧を表示する
docker image prune	不要な (タグがついていなくてコンテナで使われていない) イメージを削除する
docker image pull docker pull	レジストリからイメージを取得 (pull) する
docker image push docker push	レジストリへイメージを送信 (push) する
docker image rm docker rmi	イメージを削除する
docker image save docker save	イメージを (docker image loadで読み込める) tarアーカイブで出力する
docker image tag docker tag	既存のイメージに対してタグをつける (別のイメージ名を持たせる)

各項目の2行目にある短いコマンドは、1行目の**docker image**から始まるコマンドとほぼ同じ意味を持っています。後述の解説では、主に短いコマンドのほうを使っています。

コンテナの管理コマンド

コンテナはイメージの上で動作する環境です。後述のボリュームやネットワークなどを構成するための設定も含まれており、コンテナの内部でプログラムを実行する環境一式が整うようになっています。コンテナは作り直すことで同じ環境を再現することができます。コンテナ内部の環境に変更があっても、例えばイメージなどには影響しないようになっているのが特徴です。

表1-4-1-2：コンテナの管理コマンド

コマンド	意味
docker container attach docker attach	実行中のコンテナに標準入出力を接続する
docker container commit docker commit	コンテナ内部で変更されたファイルを元にイメージを作成する
docker container cp docker cp	ファイルやフォルダをコンテナとホスト環境の間でコピーする
docker container create docker create	新しいコンテナを作成する
docker container diff docker diff	コンテナ内部で変更のあったファイルを調べる

docker container exec docker exec	実行中のコンテナ内部でコマンドを実行する
docker container export docker export	コンテナのファイル一式をtarアーカイブで取り出す
docker container inspect	コンテナの詳細な情報を表示する
docker container kill docker kill	実行中のコンテナ（Dockerが作成したPID 1のプロセス）へシグナルを送る
docker container logs docker logs	コンテナからログを取得する
docker container ls docker ps	コンテナの一覧を表示する
docker container pause docker pause	コンテナで動作している全てのプロセスを一時停止する
docker container port docker port	コンテナのポートマッピングを表示する
docker container prune	停止しているコンテナを全て削除する
docker container rename docker rename	コンテナ名を変更する
docker container restart docker restart	コンテナを再起動する
docker container rm docker rm	コンテナを削除する
docker container run docker run	新しいコンテナでコマンドを実行する
docker container start docker start	停止しているコンテナを起動する
docker container stats docker stats	コンテナのリソース利用状態を表示する（topコマンドのようなもの）
docker container stop docker stop	実行中のコンテナを停止する
docker container top docker top	コンテナ内部で実行中のプロセスを表示する（psコマンドのようなもの）
docker container unpause docker unpause	（docker pauseで）一時停止しているプロセスを再開する
docker container update docker update	コンテナの設定を更新する
docker container wait docker wait	コンテナの終了を待ってから終了コードを表示する

各項目の2行目にあるコマンドは、1行目の`docker container`から始まるコマンドとほぼ同じ意味を持っています。後述の解説では、主に短いコマンドのほうを使っています。

ボリュームの管理コマンド

ボリュームはコンテナのライフサイクルとは独立した領域です。コンテナを削除するとコンテナ内で変更されたファイルは削除されますが、ボリュームは明示的に削除しない限り内容が保たれます。また、ボリュームは複数のコンテナにまたがって共有したり、ホスト環境のディレクトリを共有することもできます。

表1-4-1-3：ボリュームの管理コマンド

コマンド	意味
docker volume create	ボリュームを作成する
docker volume inspect	ボリュームの詳細な情報を表示する
docker volume ls	ボリュームの一覧を表示する
docker volume prune	不要なボリュームを削除する
docker volume rm	ボリュームを削除する

ネットワークの管理コマンド

Dockerではコンテナごとにホスト環境と独立したネットワークとネットワークアドレスを割り当てることができます。これによって同じポートを待ち受けるようにしたコンテナを複数立ち上げることができます。また、Dockerは内部でDNSサーバーを持っており、コンテナ名（サービス名）を使って他のコンテナと通信することができるようになっています。

表1-4-1-4：ネットワークの管理コマンド

コマンド	意味
docker network connect	コンテナをネットワークに接続する
docker network create	ネットワークを作成する
docker network disconnect	ネットワークからコンテナを切断する
docker network inspect	ネットワークの詳細な情報を表示する
docker network ls	ネットワークの一覧を表示する
docker network prune	不要なネットワークを削除する
docker network rm	ネットワークを削除する

その他のコマンド

そのほかに使える子コマンドの一覧は次の通りです。ここではExperimentalな（Dockerサーバーのオプションで有効にしないと使えない）コマンドやSwarm（クラスター構成）関連のコマンド、Docker EE固有のコマンドは省略しました。

表1-4-1-5：その他のコマンド

コマンド	意味
docker builder *	ビルド関連の管理をするコマンド
docker checkpoint *	チェックポイントの管理をするコマンド
docker config *	Docker設定の管理をするコマンド
docker events	Dockerサーバーで発生したイベントを表示する
docker image *	イメージの管理をするコマンド
docker info	システム全般の情報を表示する
docker inspect	Dockerオブジェクト（コンテナやイメージやネットワークなど）の詳細な情報を表示する
docker login	Dockerレジストリにログインする
docker logout	Dockerレジストリからログアウトする
docker manifest *	マニフェストの管理をするコマンド
docker network *	ネットワークの管理をするコマンド
docker plugin *	プラグインの管理をするコマンド
docker search	Docker Hubでイメージを検索する
docker system *	Dockerの管理をするコマンド
docker trust *	イメージの署名を管理をするコマンド
docker version	Dockerのバージョン情報を表示する
docker volume *	ボリュームの管理をするコマンド

コマンド名の後ろに*がついているものは更に子コマンドが続くものです。

1-4-2 Dockerfileの命令

Dockerfileはイメージをビルドするための操作を記述したものです。
詳細については次のURLを参照してください。

    Docker公式のドキュメント：
    https://docs.docker.com/engine/reference/builder/
    Dockerドキュメント日本語化プロジェクトによる翻訳：
    http://docs.docker.jp/engine/reference/builder.html

Dockerfileには次のような命令を記述することができます。ここでは廃止予定の（deprecatedになった）コマンドは省略しました。

表1-4-2-1：Dockerfileの命令

命令	意味
FROM	ベースイメージを指定する
RUN	新しいレイヤーでコマンドを実行し、その結果をコミットする（取り込む）
CMD	コンテナ起動時に実行するコマンドを設定する
LABEL	イメージにラベルを設定する
EXPOSE	コンテナで公開されるポート番号を設定する
ENV	環境変数を設定する
ADD	イメージにファイルをコピーする
COPY	イメージにファイルをコピーする
ENTRYPOINT	コンテナ時に実行するコマンドを設定する
VOLUME	ボリュームがマウントされる場所を設定する
USER	コマンドを実行する際のユーザーIDを設定する
WORKDIR	コマンドを実行する際の作業ディレクトリを設定する
ARG	ビルド時にのみ用いられる変数を設定する
ONBUILD	このイメージをベースにしてビルドした際にコマンドが実行されるようにする
STOPSIGNAL	コンテナを停止させる際のシグナル番号を設定する
HEALTHCHECK	ヘルスチェック用のコマンドを設定する
SHELL	コマンドを実行する際のシェルを設定する

FROMはベースイメージを指定する命令です。Dockerfileは**FROM**命令から始まっている必要があります。
このイメージを基にして、後続のステップの命令で適用される変更が積み上がっていきます。

1-4-3　Docker Composeのコマンド

Docker Composeは複数のコンテナやイメージをまとめて管理しやすくするためのツールです。これを使うことで、複数のコンテナが連携して動作するサービスを簡単に管理できるようになります。
Docker Composeでは、ライフサイクルを管理する対象のコンテナをサービスと呼びます。このサービスで用いるコンテナの設定（環境変数、ネットワーク、ボリューム、ポート転送の設定など）は、Composeファイルと呼ばれる**YAMLファイル**（**docker-compose.yml**）に記述するようになっています。
Composeファイルで記述されたリソース（コンテナ、イメージ、ボリューム、ネットワーク）のみが対象になるので、複数の環境を管理しているときに安全に操作することができるほか、dbといった抽象的なサービス名も安全に使うことができます。そのため、単一のコンテナだけであってもdockerコマンドよりも簡単にコンテナを管理することができます。

Docker ComposeはCLIツールである**docker-compose**コマンドとして提供されています。このコマンドは具体的な操作を指定するための子コマンドが用意されており、**docker-compose COMMAND**のように実行することができます。

主な子コマンドは次の通りです。

表1-4-3-1：Docker Composeのコマンド

コマンド	意味
docker-compose build	サービスをビルド（もしくは再ビルド）する
docker-compose bundle	ComposeファイルからDockerバンドルを作成する
docker-compose config	Composeファイルを検証してから表示する
docker-compose create	サービスを作成する
docker-compose down	コンテナを停止して、管理しているリソースを削除する
docker-compose events	コンテナに発生したイベントを表示する
docker-compose exec	実行中のコンテナでコマンドを実行する
docker-compose help	コマンドのヘルプを表示する
docker-compose images	イメージの一覧を表示する
docker-compose kill	コンテナにシグナルを送る
docker-compose logs	コンテナからの出力を表示する
docker-compose pause	サービスを一時停止する
docker-compose port	公開しているポートの割り当てを表示する
docker-compose ps	コンテナの一覧を表示する
docker-compose pull	サービスのイメージをpullする
docker-compose push	サービスのイメージをpushする
docker-compose restart	サービスを再起動する
docker-compose rm	停止しているコンテナを削除する
docker-compose run	一度限りのコマンドを実行する
docker-compose scale	サービスのコンテナ数を変更する
docker-compose start	サービスを起動する
docker-compose stop	サービスを停止する
docker-compose top	実行中のプロセス情報を表示する
docker-compose unpause	一時停止しているコンテナを再開する
docker-compose up	サービスを作成して起動する
docker-compose version	Docker Composeのバージョン情報を表示する

詳細については次のURLを参照してください。

Docker公式のドキュメント：
https://docs.docker.com/compose/reference/
Dockerドキュメント日本語化プロジェクトによる翻訳：
http://docs.docker.jp/compose/reference/toc.html

Chapter 2

実行環境としてのDockerイメージを構築する

本章ではWebアプリケーションの開発作業を想定し、Dockerでアプリケーションの実行環境を構築する手順について解説します。

対象の言語環境はPHPのLaravel、Node.jsのNuxt.js、RubyのSinatraです。イメージ構築にあたってのポイントは、各々の環境で必要になるパッケージ（ライブラリ）のインストール手順です。Dockerイメージの構造や制約もあり、不要なインストールが行われないようにするためには手順の工夫が必要です。

パッケージ管理システムについては、各々の言語環境で一般的であろう、PHPのComposer、Node.jsのYarn、RubyのBundlerを対象にしました。

2-1 PHPの実行環境の構築

本節ではPHPの実行環境としてのDockerコンテナを構築していきます。
作成する環境には執筆時点（2019年5月現在）において最も世界中で使われているPHPフレームワークのLaravelを例にとって作っていきたいと思います。

2-1-1 Laravelの環境

Laravelの執筆時点での最新バージョンは5.7ですが、LTS（長期サポート）の対象となっているのは5.5となっておりますのでご注意ください。
詳しくは公式のサポートポリシーのページをご確認ください。

　　https://laravel.com/docs/5.7/releases

図2-1-1-1：サポートポリシー

Support Policy

For LTS releases, such as Laravel 5.5, bug fixes are provided for 2 years and security fixes are provided for 3 years. These releases provide the longest window of support and maintenance. For general releases, bug fixes are provided for 6 months and security fixes are provided for 1 year. For all additional libraries, including Lumen, only the latest release receives bug fixes.

Version	Release	Bug Fixes Until	Security Fixes Until
5.0	February 4th, 2015	August 4th, 2015	February 4th, 2016
5.1 (LTS)	June 9th, 2015	June 9th, 2017	June 9th, 2018
5.2	December 21st, 2015	June 21st, 2016	December 21st, 2016
5.3	August 23rd, 2016	February 23rd, 2017	August 23rd, 2017
5.4	January 24th, 2017	July 24th, 2017	January 24th, 2018
5.5 (LTS)	August 30th, 2017	August 30th, 2019	August 30th, 2020
5.6	February 7th, 2018	August 7th, 2018	February 7th, 2019
5.7	September 4th, 2018	March 4th, 2019	September 4th, 2019

今回は最新版の5.7を対象にしていきます。
またPHPのバージョンは現時点での最新版の7.2を使用します。

2-1-2 最初のプロジェクトの雛形作り

次のようにDockerfileを作成します。

データ2-1-2-1：Dockerfile

```
FROM php:7.2-fpm

RUN apt-get update && \
    apt-get install -y unzip gpg locales wget zlib1g-dev && \
    docker-php-ext-install pdo_mysql mysqli mbstring zip

RUN curl -sS https://getcomposer.org/installer | php && \
    mv composer.phar /usr/local/bin/composer
```

できたDockerfileをビルドします。

コマンド2-1-2-1

```
$ docker build -t docker_php:step1 .
                        ・・・中略・・・

Installing shared extensions:     /usr/local/lib/php/extensions/no-debug-non-zts-20170718/
find . -name \*.gcno -o -name \*.gcda | xargs rm -f
find . -name \*.lo -o -name \*.o | xargs rm -f
find . -name \*.la -o -name \*.a | xargs rm -f
find . -name \*.so | xargs rm -f
find . -name .libs -a -type d|xargs rm -rf
rm -f libphp.la      modules/* libs/*
Removing intermediate container 63dc1d5264b7
 ---> db20f762b82b
Step 3/3 : RUN curl -sS https://getcomposer.org/installer | php &&     mv composer.phar /usr/
local/bin/composer
 ---> Running in 1c41c2f2fa0d
All settings correct for using Composer
Downloading...
```

```
Composer (version 1.7.3) successfully installed to: /var/www/html/composer.phar
Use it: php composer.phar

Removing intermediate container 1c41c2f2fa0d
 ---> 2042426e50cd
Successfully built 2042426e50cd
Successfully tagged docker_php:step1
```

できあがったイメージを実行し、Laravelのプロジェクトテンプレートを作成します。
次のコマンドはLaravelの**バージョン5.7**を指定してサンプルプロジェクトを作成するコマンドです。

コマンド 2-1-2-2
```
$ docker run --name step1 -it docker_php:step1 bash
root@a83884cc81d4:/var/www/html# composer create-project --prefer-dist laravel/laravel sample
"5.7.*"
```

コンテナ内にsampleというディレクトリができ、Laravelのプロジェクトファイル一式が作成されます。
まずはこれを開発用ディレクトリへとコピーしてきましょう。
コンテナからローカルディスクにファイルをコピーするには**docker cp**コマンドを使い、コピーされたことを**ls**コマンドで確認します。

コマンド 2-1-2-3
```
$ docker cp step1:/var/www/html/sample .
$ ls
Dockerfile sample
```

実際の開発においてはソースコードのバージョン管理をしていくことになりますので、このサンプルプロジェクトのファイルをコミットしましょう。
Gitを使っている場合には、Laravelのサンプルプロジェクトの作成の際に適切に.gitignoreを作成してくれるため、**composer**でインストールされるようなファイル群などはバージョン管理外にデフォルトでなるためコピーしたファイルをそのままコミットして大丈夫です。

2-1-3 プロジェクトの雛形を使った実行環境イメージの作成

プロジェクトの雛形ができたところで、今度はLaravelの雛形が実際に動作する実行環境のイメージを作成していきます。

2-1-2で使ったDockerfile（データ2-1-2-1）に少し行を足します。

データ2-1-3-1：Dockerfile（追加）

```
FROM php:7.2-fpm

RUN apt-get update && \
    apt-get install -y unzip gpg locales wget zlib1g-dev && \
    docker-php-ext-install pdo_mysql mysqli mbstring zip

RUN curl -sS https://getcomposer.org/installer | php && \
    mv composer.phar /usr/local/bin/composer

WORKDIR /app/src
COPY ./sample .
RUN composer install

CMD ["php", "artisan", "serve", "--host", "0.0.0.0"]
```

（WORKDIR /app/src 〜 RUN composer install が「追加」）

できたら、次のようにして**build**します。

コマンド2-1-3-1

```
$ docker build -t docker_php:step2 .
Sending build context to Docker daemon  896.5kB
Step 1/6 : FROM php:7.2-fpm
 ---> 2657319eef49
Step 2/6 : RUN apt-get update &&     apt-get install -y unzip gpg locales wget zlib1g-dev && docker-php-ext-install pdo_mysql mysqli mbstring zip
 ---> Using cache
 ---> db20f762b82b
Step 3/6 : RUN curl -sS https://getcomposer.org/installer | php &&     mv composer.phar /usr/local/bin/composer
 ---> Using cache
 ---> 2042426e50cd
Step 4/6 : WORKDIR /app/src
```

```
 ---> Running in 562cc8bbc941
Removing intermediate container 562cc8bbc941
 ---> fc321733d5c6
Step 5/6 : COPY ./sample .
 ---> 8115de6334df
Step 6/6 : RUN composer install
 ---> Running in f812c6244f95
Do not run Composer as root/super user! See https://getcomposer.org/root for details
Loading composer repositories with package information
Installing dependencies (including require-dev) from lock file
Package operations: 73 installs, 0 updates, 0 removals
  - Installing doctrine/inflector (v1.3.0): Downloading (100%)
  - Installing doctrine/lexer (v1.0.1): Downloading (100%)

                              …中略…

phpunit/phpunit suggests installing phpunit/php-invoker (^2.0)
Generating optimized autoload files
> Illuminate\Foundation\ComposerScripts::postAutoloadDump
> @php artisan package:discover --ansi
Discovered Package: beyondcode/laravel-dump-server
Discovered Package: fideloper/proxy
Discovered Package: laravel/tinker
Discovered Package: nesbot/carbon
Discovered Package: nunomaduro/collision
Package manifest generated successfully.
Removing intermediate container f812c6244f95
 ---> 36973ee73ae7
Successfully built 36973ee73ae7
Successfully tagged docker_php:step2
```

イメージが作成できたらさっそく実行して、ブラウザでアクセスしてみましょう。

コマンド 2-1-3-2

```
$ docker run --name step2 -p 8000:8000 -it docker_php:step2
Laravel development server started: <http://0.0.0.0:8000>
```

すると次図のようなLaravelのWelcome画面が表示されます。

図2-1-3-1：Laravel Welcome画面

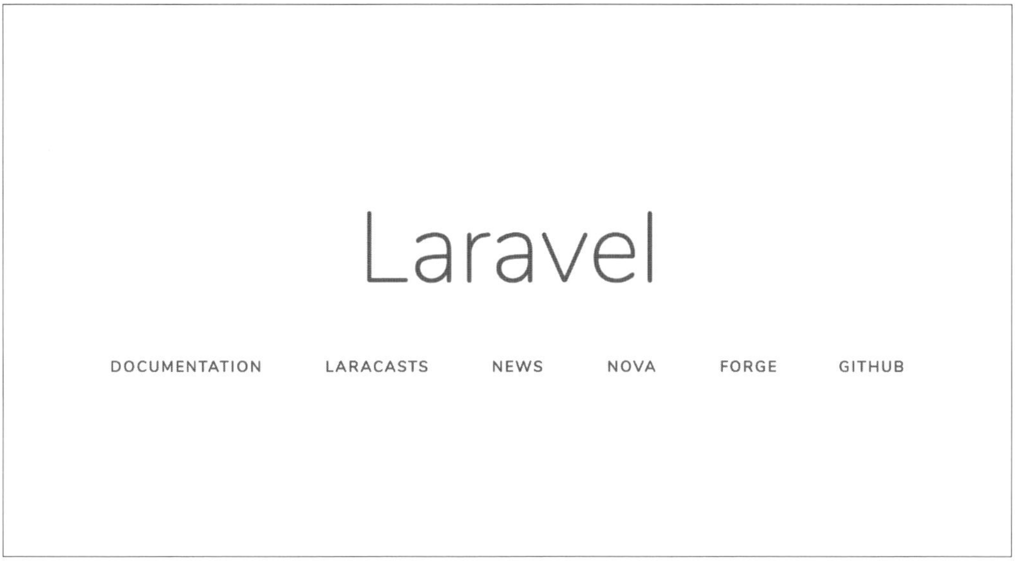

これで基本的なLaravelの実行環境ができました。

2-1-4 効率的なbuildをするための設定

前節で基本的なLaravelの実行環境が作れましたが、このままの状態ではdocker buildをするときに、ファイルの変更や新しいページの追加を行うたびに前節のDockerfileのCOPY ./sample .の行から実行され`composer install`が毎回実行されて時間がかかってしまいます。

データ2-1-4-1： Dockerfile（データ2-1-3-1再掲）

```
FROM php:7.2-fpm

RUN apt-get update && \
    apt-get install -y unzip gpg locales wget zlib1g-dev && \
    docker-php-ext-install pdo_mysql mysqli mbstring zip

RUN curl -sS https://getcomposer.org/installer | php && \
    mv composer.phar /usr/local/bin/composer
```

```
WORKDIR /app/src
COPY ./sample .
RUN composer install

CMD ["php", "artisan", "serve", "--host", "0.0.0.0"]
```

基本的に**composer**でインストールするライブラリを変更する機会はファイルの変更や新しいページの追加を行う機会に比べてとても少ないため、**composer**でインストールする内容が変わらないときはDockerのlayer cacheが使われるように工夫をしましょう。
Laravelの場合には3つの工夫をする必要があります。

1. Dockerfileの**COPY**と**CMD**の記述の工夫
2. **composer**で実行される事後処理をコンテナ起動時のタイミングに変更する
3. コンテナ起動時に実行されるスクリプトファイルの作成と**composer**の事後処理の移植

まずは1の「DockerfileのCOPYとCMDの記述の工夫」を行います。
Dockerfileを次のように書き換えます。

データ2-1-4-2：Dockerfile（修正）

```
FROM php:7.2-fpm

RUN apt-get update && \
    apt-get install -y unzip gpg locales wget zlib1g-dev && \
    docker-php-ext-install pdo_mysql mysqli mbstring zip

RUN curl -sS https://getcomposer.org/installer | php && \
    mv composer.phar /usr/local/bin/composer

WORKDIR /app/src
COPY ./sample/composer.* ./
RUN mkdir -p ./database/seeds && mkdir -p ./database/factories && \
    composer install

COPY ./sample .

CMD ["/app/src/entrypoint.sh"]
```

変更前と変更後のDockerfileを比較してみると、以下の2点の違いがあります。

1-1. COPYでsampleディレクトリ全体をコピーしていたのに対し、composerに関してのファイルをコピーして`composer install`を実行した後にディレクトリ全体をコピーしている
1-2. CMDがコマンドの実行からシェルスクリプトファイルの実行に変わっている

1-1については`composer install`までのコンテナのイメージキャッシュを活用するための方法で、**composer.json**および**composer.lock**のファイルだけを先にコピーしてライブラリのインストールを行うことにより、ライブラリの使用条件が変わるまではイメージキャッシュが使える状態となります。

次に2の「composerで実行される事後処理をコンテナ起動時のタイミングに変更する」を行います。sample/composer.jsonのファイルを次のように書き換えます。

データ2-1-4-3：sample/composer.json

```json
{
    "name": "laravel/laravel",
    "type": "project",
    "description": "The Laravel Framework.",
    "keywords": [
        "framework",
        "laravel"
    ],
    "license": "MIT",
    "require": {
        "php": "^7.1.3",
        "fideloper/proxy": "^4.0",
        "laravel/framework": "5.7.*",
        "laravel/tinker": "^1.0"
    },
    "require-dev": {
        "beyondcode/laravel-dump-server": "^1.0",
        "filp/whoops": "^2.0",
        "fzaninotto/faker": "^1.4",
        "mockery/mockery": "^1.0",
        "nunomaduro/collision": "^2.0",
        "phpunit/phpunit": "^7.0"
    },
```

```
    "config": {
        "optimize-autoloader": true,
        "preferred-install": "dist",
        "sort-packages": true
    },
    "extra": {
        "laravel": {
            "dont-discover": []
        }
    },
    "autoload": {
        "psr-4": {
            "App\\": "app/"
        },
        "classmap": [
            "database/seeds",
            "database/factories"
        ]
    },
    "autoload-dev": {
        "psr-4": {
            "Tests\\": "tests/"
        }
    },
    "minimum-stability": "dev",
    "prefer-stable": true
}
```

具体的にはscriptsとあった部分の記述を削除しています。
削除した記述の部分は次のとおりです。

データ2-1-4-4：sample/composer.jsonからの削除部分

```
"scripts": {
    "post-autoload-dump": [
        "Illuminate\\Foundation\\ComposerScripts::postAutoloadDump",
        "@php artisan package:discover --ansi"
    ],
    "post-root-package-install": [
        "@php -r \"file_exists('.env') || copy('.env.example', '.env');\""
    ],
    "post-create-project-cmd": [
```

```
            "@php artisan key:generate --ansi"
        ]
    }
```

上記は`composer install`の際に実行されるコマンドですが、このうち`post-root-package-install`と`post-create-project-cmd`は初回実行だけで十分であるため`post-autoload-dump`の処理だけを次に説明する3つ目の工夫により実行するようにします。

最後に3つ目の「コンテナ起動時に実行されるスクリプトファイルの作成と`composer`の事後処理の移植」を行います。
`sample`ディレクトリ配下に`entrypoint.sh`というファイルを作成し、ファイルのパーミッションを755とします。

データ2-1-4-5：sample/enctrypoint.sh

```
php artisan package:discover --ansi

php artisan serve --host 0.0.0.0
```

以上で準備は終了です。
改めて`docker build`でイメージを作成します。

コマンド2-1-4-1

```
$ docker build -t docker_php:step3 .
Sending build context to Docker daemon  928.8kB
Step 1/8 : FROM php:7.2-fpm
 ---> 2657319eef49
Step 2/8 : RUN apt-get update &&     apt-get install -y unzip gpg locales wget zlib1g-dev && docker-php-ext-install pdo_mysql mysqli mbstring zip
 ---> Using cache
 ---> db20f762b82b
Step 3/8 : RUN curl -sS https://getcomposer.org/installer | php &&     mv composer.phar /usr/local/bin/composer
 ---> Using cache
 ---> 2042426e50cd
Step 4/8 : WORKDIR /app/src
```

```
 ---> Using cache
 ---> fc321733d5c6
Step 5/8 : COPY ./sample/composer.* ./
 ---> ca521f9423c1
Step 6/8 : RUN composer install
 ---> Running in f15b353753d9
Do not run Composer as root/super user! See https://getcomposer.org/root for details
Loading composer repositories with package information
Installing dependencies (including require-dev) from lock file
Package operations: 73 installs, 0 updates, 0 removals
  - Installing doctrine/inflector (v1.3.0): Downloading (100%)
  - Installing doctrine/lexer (v1.0.1): Downloading (100%)
  - Installing dragonmantank/cron-expression (v2.2.0): Downloading (100%)

                           ・・・中略・・・

psy/psysh suggests installing hoa/console (A pure PHP readline implementation. You'll want this
if your PHP install doesn't already support readline or libedit.)
filp/whoops suggests installing whoops/soap (Formats errors as SOAP responses)
sebastian/global-state suggests installing ext-uopz (*)
phpunit/php-code-coverage suggests installing ext-xdebug (^2.6.0)
phpunit/phpunit suggests installing ext-soap (*)
phpunit/phpunit suggests installing ext-xdebug (*)
phpunit/phpunit suggests installing phpunit/php-invoker (^2.0)
Generating optimized autoload files
Removing intermediate container 7e904f3408e3
 ---> 9f6f8fe08dee
Step 7/8 : COPY ./sample .
 ---> 7c54e2cc9aea
Step 8/8 : CMD ["entrypoint.sh"]
 ---> Running in 6058ff4d1aba
Removing intermediate container 6058ff4d1aba
 ---> bd8310bbdb8f
Successfully built bd8310bbdb8f
Successfully tagged docker_php:step3
```

docker buildが成功したらさっそくイメージを実行してみましょう。

起動時に`composer install`を実行したときに行われていたコマンドも実行され、最後にサービスも起動します。

コマンド2-1-4-2

```
$ docker run --name step3 -p 8000:8000 -it docker_php:step3
Discovered Package: beyondcode/laravel-dump-server
Discovered Package: fideloper/proxy
Discovered Package: laravel/tinker
Discovered Package: nesbot/carbon
Discovered Package: nunomaduro/collision
Package manifest generated successfully.
Laravel development server started: <http://0.0.0.0:8000>
```

改めてブラウザでアクセスしてみましょう。
前回と同様に下図のようなLaravelのWelcome画面が表示されます。

図2-1-4-1：Laravel Welcome画面

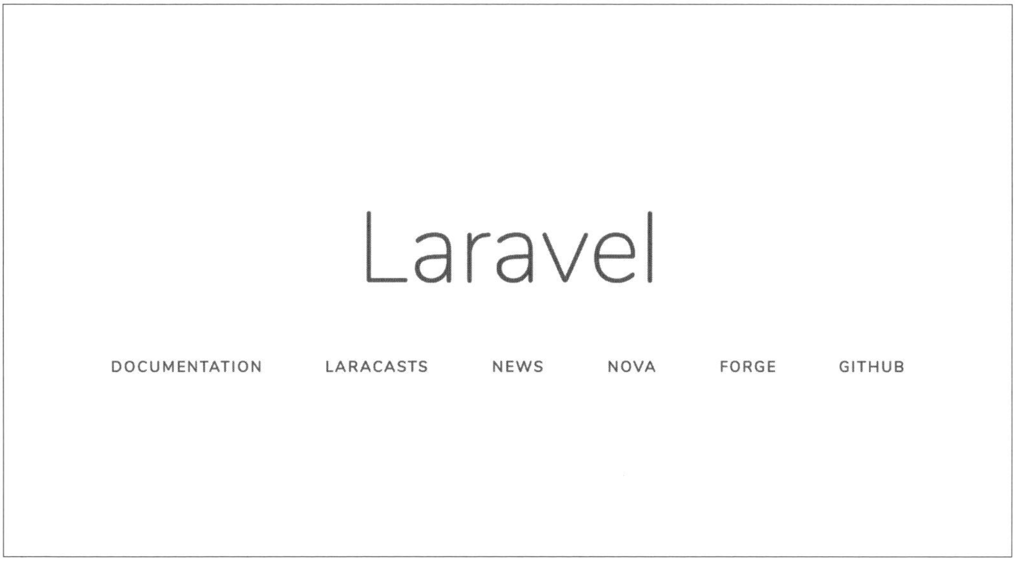

これでプロジェクトファイルの変更に強いLaravelの実行環境ができました。

2-1-5 ローカルでの開発環境

次にここまでで作成した環境で開発を進めることを考えていきます。
この場合docker-composeを利用してローカル開発環境を作っていきましょう。
次のようなdocker-compose.ymlを作成しましょう。

データ2-1-5-1：docker-compose.yml

```
version: '3'

services:
  laravel:
    image: docker_php:step4
    build: .
    ports:
    - "8000:8000"
    volumes:
    - ./sample:/app/src
    - /app/src/vendor
```

上記のdocker-compose.ymlは次のような意味合いとなります。

- laravel というコンテナを作成する
- docker_php:step4 というイメージが存在すればそれを起動
    - 上記のイメージがなければカレントディレクトリを起点として docker build を行い docker_php:step4 というイメージを作成して起動
- Dockerのホストとコンテナの8000番ポートをつないだ状態で起動
- ローカルディスクの ./sample の内容をコンテナの /app/src というパスにマウントした状態で起動
    - ただしコンテナの /app/src/vendor というディレクトリはコンテナにあるものを使う

それではdocker-compose upコマンドにより起動していきましょう。
今回はdocker_php:step4というイメージが存在しないためbuildから始まります。

コマンド2-1-5-1

```
$ docker-compose up
Building laravel
Step 1/8 : FROM php:7.2-fpm
 ---> 2657319eef49
Step 2/8 : RUN apt-get update &&     apt-get install -y unzip gpg locales wget zlib1g-dev && docker-php-ext-install pdo_mysql mysqli mbstring zip
 ---> Using cache
 ---> db20f762b82b
Step 3/8 : RUN curl -sS https://getcomposer.org/installer | php &&     mv composer.phar /usr/local/bin/composer
 ---> Using cache
 ---> 2042426e50cd
Step 4/8 : WORKDIR /app/src
 ---> Using cache
 ---> fc321733d5c6
Step 5/8 : COPY ./sample/composer.* ./
 ---> b07913c07957
Step 6/8 : RUN mkdir -p ./database/seeds && mkdir -p ./database/factories &&     composer install
 ---> Running in e360c0db4066
Do not run Composer as root/super user! See https://getcomposer.org/root for details
Loading composer repositories with package information
Installing dependencies (including require-dev) from lock file
Package operations: 73 installs, 0 updates, 0 removals
  - Installing doctrine/inflector (v1.3.0): Downloading (100%)
  - Installing doctrine/lexer (v1.0.1): Downloading (100%)
  - Installing dragonmantank/cron-expression (v2.2.0): Downloading (100%)

                              ···中略···

phpunit/phpunit suggests installing ext-xdebug (*)
phpunit/phpunit suggests installing phpunit/php-invoker (^2.0)
Generating optimized autoload files
Removing intermediate container e360c0db4066
 ---> a2f39bde0234
Step 7/8 : COPY ./sample .
 ---> be4491488498
Step 8/8 : CMD ["/app/src/entrypoint.sh"]
 ---> Running in 9b1f2a3bf38e
Removing intermediate container 9b1f2a3bf38e
 ---> 16c7282309e8
Successfully built 16c7282309e8
Successfully tagged docker_php:step4
```

```
WARNING: Image for service laravel was built because it did not already exist. To rebuild this
image you must use `docker-compose build` or `docker-compose up --build`.
Creating step4_laravel_1_604e4daf9054 ... done
Attaching to step4_laravel_1_37d52da20ef5
laravel_1_37d52da20ef5 | Discovered Package: beyondcode/laravel-dump-server
laravel_1_37d52da20ef5 | Discovered Package: fideloper/proxy
laravel_1_37d52da20ef5 | Discovered Package: laravel/tinker
laravel_1_37d52da20ef5 | Discovered Package: nesbot/carbon
laravel_1_37d52da20ef5 | Discovered Package: nunomaduro/collision
laravel_1_37d52da20ef5 | Package manifest generated successfully.
laravel_1_37d52da20ef5 | Laravel development server started: <http://0.0.0.0:8000>
```

ビルドが終わるとコンテナが起動し、先程と同様の出力がされるのがわかります。
また次のようなWARNINGが表示されておりますが、これは**イメージが存在しないのでビルドしたけど、もしイメージを再ビルドしたい場合にはdocker-compose buildまたはdocker-compose up --buildをすることで再ビルドをしてください**という内容のメッセージとなります。

データ 2-1-5-2：build message

```
WARNING: Image for service laravel was built because it did not already exist. To rebuild this
image you must use docker-compose build or docker-compose up --build.
```

ここまででは前節と同じになってしまうため、Laravelのチュートリアルにある認証を導入してみましょう。

2-1-6 認証の導入

前節で用意した開発環境にデータベースを追加してLaravelの認証を追加します。
まずはデータ2-1-5-1のdocker-compose.ymlを次のように編集します。

データ 2-1-6-1：docker-compose.yml（修正）

```
version: '3'

services:
  laravel:
    image: docker_php:step5
    build: .
    ports:
      - "8000:8000"
```

```
    environment:
    - DB_HOST=mysql
    - DB_DATABASE=sample
    - DB_USERNAME=foo
    - DB_PASSWORD=bar
    volumes:
    - ./sample:/app/src
    - /app/src/vendor
    depends_on:
    - mysql
  mysql:
    image: mysql:5.7
    ports:
    - "3306:3306"
    volumes:
    - laravel:/var/lib/mysql
    environment:
    - MYSQL_ROOT_PASSWORD=root_pass
    - MYSQL_DATABASE=sample
    - MYSQL_USER=foo
    - MYSQL_PASSWORD=bar

volumes:
  laravel:
```

変更点は次のようになります。

- laravel のコンテナに環境変数を追加
    - DBに関する接続情報の環境変数を追加
        - Laravelでは.envのファイルの内容を変更するか、環境変数で渡すかでデフォルトの DB接続情報の指定が可能
    - 次に定義するmysql のコンテナに依存したserviceであることを depends_onで定義
- servicesにmysqlを追加
    - **volumes** 定義でLaravel用のDBの**docker volume**を作成
        - 作成した**docker volume**をコンテナの/var/lib/mysqlにマウント
        - 別ボリュームを作成することによって、コンテナを削除してもDBのデータが永続化されるようにしています

- MySQLを起動した際にデフォルトで作成するユーザー、パスワード、データベースを環境変数で定義
- Laravelのアプリケーションではこれで指定したものと同じ内容を使用

docker-compose.ymlの準備ができたらさっそく起動します。

コマンド2-1-6-1

```
$ docker-compose up
Creating step5_mysql_1_125e3e60fcd8 ... done
Creating step5_laravel_1_184044e7407c ... done
Attaching to step5_mysql_1_b3dfa0c7cfe4, step5_laravel_1_4e53bf7b1172
mysql_1_b3dfa0c7cfe4 | 2018-12-03T16:10:55.969509Z 0 [Warning] TIMESTAMP with implicit DEFAULT value is deprecated. Please use --explicit_defaults_for_timestamp server option (see documentation for more details).
mysql_1_b3dfa0c7cfe4 | 2018-12-03T16:10:55.973166Z 0 [Note] mysqld (mysqld 5.7.24) starting as process 1 ...
mysql_1_b3dfa0c7cfe4 | 2018-12-03T16:10:55.980588Z 0 [Note] InnoDB: PUNCH HOLE support available
mysql_1_b3dfa0c7cfe4 | 2018-12-03T16:10:55.980657Z 0 [Note] InnoDB: Mutexes and rw_locks use GCC atomic builtins
mysql_1_b3dfa0c7cfe4 | 2018-12-03T16:10:55.980679Z 0 [Note] InnoDB: Uses event mutexes

                            ···中略···

mysql_1_b3dfa0c7cfe4 | 2018-12-03T16:10:56.272458Z 0 [Warning] 'db' entry 'performance_schema mysql.session@localhost' ignored in --skip-name-resolve mode.
mysql_1_b3dfa0c7cfe4 | 2018-12-03T16:10:56.272477Z 0 [Warning] 'db' entry 'sys mysql.sys@localhost' ignored in --skip-name-resolve mode.
mysql_1_b3dfa0c7cfe4 | 2018-12-03T16:10:56.272507Z 0 [Warning] 'proxies_priv' entry '@ root@localhost' ignored in --skip-name-resolve mode.
mysql_1_b3dfa0c7cfe4 | 2018-12-03T16:10:56.277604Z 0 [Warning] 'tables_priv' entry 'user mysql.session@localhost' ignored in --skip-name-resolve mode.
mysql_1_b3dfa0c7cfe4 | 2018-12-03T16:10:56.277651Z 0 [Warning] 'tables_priv' entry 'sys_config mysql.sys@localhost' ignored in --skip-name-resolve mode.
laravel_1_4e53bf7b1172 | Discovered Package: beyondcode/laravel-dump-server
laravel_1_4e53bf7b1172 | Discovered Package: fideloper/proxy
laravel_1_4e53bf7b1172 | Discovered Package: laravel/tinker
laravel_1_4e53bf7b1172 | Discovered Package: nesbot/carbon
laravel_1_4e53bf7b1172 | Discovered Package: nunomaduro/collision
laravel_1_4e53bf7b1172 | Package manifest generated successfully.
```

今度はLaravelのアプリケーションコンテナだけではなくMySQLのサーバーも起動しました。
これでサーバ側の準備は完了です。
公式ドキュメントにもあるとおり認証のための仕組みを作成していきます。

https://laravel.com/docs/5.7/authentication

まず最初にartisanコマンドを使って認証に必要なファイル群を生成します。

コマンド2-1-6-2

```
$ docker-compose exec laravel php artisan make:auth
Authentication scaffolding generated successfully.
```

上記出力が出たら成功です。
ファイルを確認すると、次のファイル群が新規に追加されたり変更されたりします。

新規追加

- sample/app/Http/Controllers/HomeController.php
- sample/resources/views/auth/login.blade.php
- sample/resources/views/auth/passwords/email.blade.php
- sample/resources/views/auth/passwords/reset.blade.php
- sample/resources/views/auth/register.blade.php
- sample/resources/views/auth/verify.blade.php
- sample/resources/views/home.blade.php
- sample/resources/views/layouts/app.blade.php

変更

- sample/routes/web.php

ファイルの準備ができたら次はデータベースの準備を行います。
artisanのデータベースマイグレーションのコマンドを実行して必要なテーブルを作成します。

コマンド 2-1-6-3

```
$ docker-compose exec laravel php artisan migrate
Migration table created successfully.
Migrating: 2014_10_12_000000_create_users_table
Migrated:  2014_10_12_000000_create_users_table
Migrating: 2014_10_12_100000_create_password_resets_table
Migrated:  2014_10_12_100000_create_password_resets_table
```

上記の出力のように出たら成功です。
前節と同様に起動したコンテナの8080番ポートにアクセスすると次図のように表示されます。
前節と異なり右上にログインと登録のためのリンクが出ていることに気づくでしょう。

図 2-1-6-1：ログインリンク付き Welcome 画面

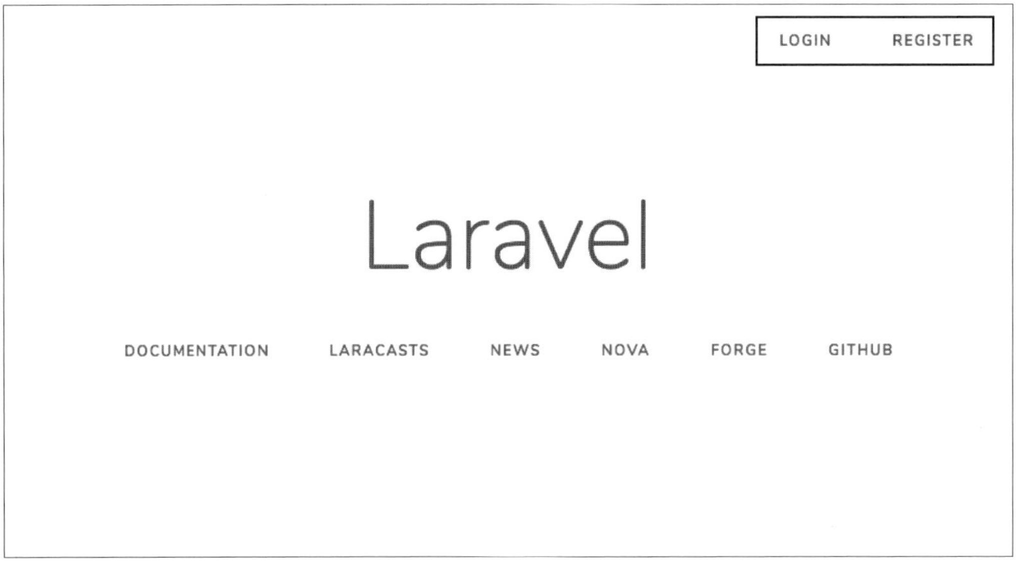

それではさっそくアカウントを登録してログインしてみましょう。
REGISTERというリンクをクリックするとアカウント登録画面に遷移します。

図2-1-6-2：アカウント登録画面

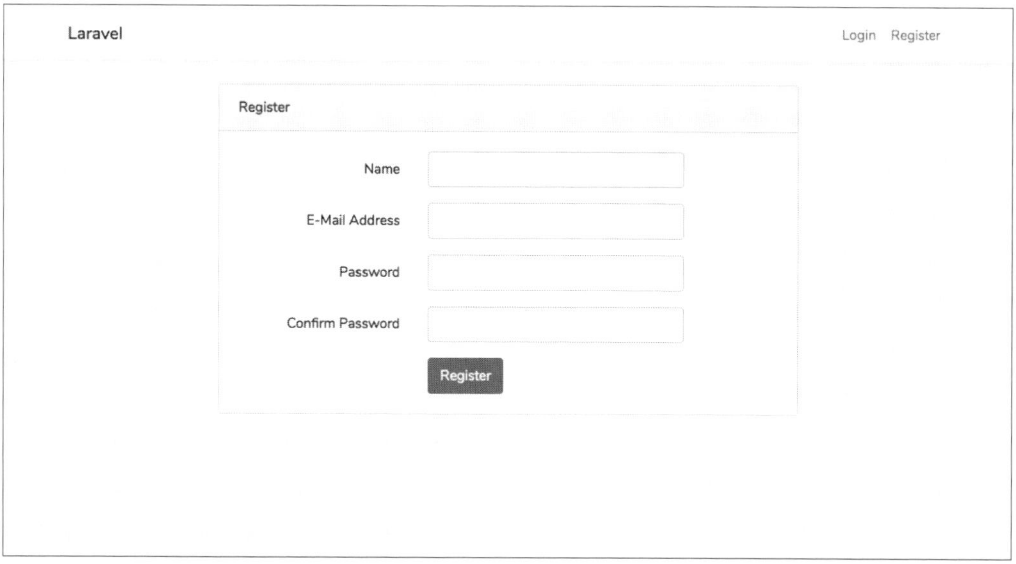

入力欄にそれぞれ情報を入力してRegisterボタンを押すとアカウントが作成され、ログイン後画面に遷移したことがわかります。

デフォルトでは/homeというURLに遷移します。

図2-1-6-3：ログイン後画面

右上の登録ユーザー名の部分をクリックするとログアウトボタンがありますので、そちらを押すとログアウトできます。

図2-1-6-4：ログアウト

ログアウトするとまた最初のLaravelの画面に戻ってきますので今度はLOGINのリンクをクリックしましょう。

図2-1-4-5：Laravel ログインリンク付き Welcome画面

するとログイン画面に遷移しますので、先程登録した情報でログインします。

図2-1-6-6：ログイン画面

無事ログインできると、先程と同じログイン後画面に遷移します。

以上でPHPのフレームワークであるLaravelの実行環境がDockerで作成できました。

2-2 Node.jsの実行環境の構築

この節では**Node.js**の実行環境としてのDockerコンテナを構築していきます。
最近Node.jsでも利用が増えてきている**Nuxt.jp**を例に、作っていきたいと思います。

2-2-1 Node.jsの環境

Node.jsのバージョンは現在リリースされている最新の安定版である12.x系のものを使用します。

※Node.jsのプロジェクトでは奇数バージョンが開発版で、偶数バージョンが安定版となっています。

執筆時点では12.3.1が最新のためこれを使っていきます。

図2-2-1-1：Release schedule

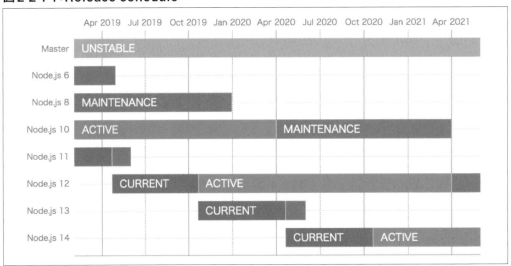

2-2-2 最初のプロジェクトの雛形作り

次のDockerfileを作成してビルドします。

データ2-2-2-1：Dockerfile

```
FROM node:12.3.1

WORKDIR /app
```

コマンド2-2-2-1

```
$ docker build -t docker_node:step1 ./step1/
Sending build context to Docker daemon  2.048kB
Step 1/2 : FROM node:12.3.1
12.3.1: Pulling from library/node
c5e155d5a1d1: Pull complete
221d80d00ae9: Pull complete
4250b3117dca: Pull complete
3b7ca19181b2: Pull complete
425d7b2a5bcc: Pull complete
69df12c70287: Pull complete
cf8675372fee: Pull complete
848230803dd5: Pull complete
Digest: sha256:48154b0a4053bfb2dacc01305ccff745d62ade5b71ec8cd1887f7482367aaa48
Status: Downloaded newer image for node:12.3.1
 ---> 6be2fabd4196
Step 2/2 : WORKDIR /app
 ---> Running in fce743a86c6b
Removing intermediate container fce743a86c6b
 ---> 6ad302c8c188
Successfully built 6ad302c8c188
Successfully tagged docker_node:step1
```

できあがったイメージでコンテナを起動します。

コマンド2-2-2-2

```
$ docker run --rm --name step1 -it docker_node:step1 bash
root@c7c25cef073a:/app#
```

起動したら公式ページのドキュメントをもとに`yarn create nuxt-app`により**Nuxt.js**の環境を対話式で作成していきます。

https://ja.nuxtjs.org/guide/installation

コマンド 2-2-2-3

```
# yarn create nuxt-app
```

それぞれの質問には次のように回答して作成していきます。
Choose features to installの質問については使いたいものを**space**キーを押して複数選択することができます。

表2-2-2-1：Choose features to installの質問と回答例

質問項目	記述・選択項目
Project name	nuxtpj
Project description	sample nuxt.js project
Use a custom server framework	express
Choose features to install	axios, eslint を選択
Use a custom UI framework	bootstrap
Use a custom test framework	jest
Choose rendering mode	Universal
Author name	saku
Choose a package manager	yarn

データ 2-2-2-2：アウトプット

```
yarn create v1.16.0
[1/4] Resolving packages...
[2/4] Fetching packages...
[3/4] Linking dependencies...
[4/4] Building fresh packages...

success Installed "create-nuxt-app@2.6.0" with binaries:
      - create-nuxt-app
> Generating Nuxt.js project in /app
? Project name nuxtpj
? Project description sample nuxt.js project
? Use a custom server framework express
? Choose features to install Linter / Formatter, Axios
```

```
? Use a custom UI framework bootstrap
? Use a custom test framework jest
? Choose rendering mode Universal
? Author name saku
? Choose a package manager yarn

warning nuxt > @nuxt/webpack > postcss-preset-env > postcss-color-gray > postcss-values-parser > flat
ten@1.0.2: I wrote this module a very long time ago; you should use something else.
warning jest > jest-cli > jest-config > jest-environment-jsdom > jsdom > left-pad@1.3.0: use String.p
rototype.padStart()
warning "babel-jest > babel-preset-jest > @babel/plugin-syntax-object-rest-spread@7.2.0" has unmet pe
er dependency "@babel/core@^7.0.0-0".
warning " > bootstrap@4.3.1" has unmet peer dependency "jquery@1.9.1 - 3".
warning " > bootstrap@4.3.1" has unmet peer dependency "popper.js@^1.14.7".
warning "bootstrap-vue > portal-vue@2.1.4" has unmet peer dependency "vue@^2.5.18".
warning " > eslint-loader@2.1.2" has unmet peer dependency "webpack@>=2.0.0 <5.0.0".
warning " > @vue/test-utils@1.0.0-beta.29" has unmet peer dependency "vue@2.x".
warning " > @vue/test-utils@1.0.0-beta.29" has unmet peer dependency "vue-template-compiler@^2.x".
warning " > babel-core@7.0.0-bridge.0" has unmet peer dependency "@babel/core@^7.0.0-0".
warning " > babel-jest@24.8.0" has unmet peer dependency "@babel/core@^7.0.0".
warning "babel-jest > babel-preset-jest@24.6.0" has unmet peer dependency "@babel/core@^7.0.0".
warning " > vue-jest@3.0.4" has unmet peer dependency "vue@^2.x".
warning " > vue-jest@3.0.4" has unmet peer dependency "vue-template-compiler@^2.x".

yarn install v1.16.0
info No lockfile found.
[1/4] Resolving packages...
[2/4] Fetching packages...
info fsevents@2.0.7: The platform "linux" is incompatible with this module.
info "fsevents@2.0.7" is an optional dependency and failed compatibility check. Excluding it from ins
tallation.
info fsevents@1.2.9: The platform "linux" is incompatible with this module.
info "fsevents@1.2.9" is an optional dependency and failed compatibility check. Excluding it from ins
tallation.
[3/4] Linking dependencies...
[4/4] Building fresh packages...
warning From Yarn 1.0 onwards, scripts don't require "--" for options to be forwarded. In a
future version, any explicit "--" will be forwarded as-is to the scripts.
```

```
$ eslint --ext .js,.vue --ignore-path .gitignore . --fix
Done in 1.77s.

  To get started:

        yarn run dev

  To build & start for production:

        yarn run build
        yarn start

  To test:

        yarn run test

Done in 117.76s.
```

インストールがうまくいったかを確認してみましょう。

まずはサービスを`yarn run dev`で実行します。

コマンド 2-2-2-4

```
# yarn run dev
yarn run v1.16.0
$ cross-env NODE_ENV=development nodemon server/index.js --watch server
[nodemon] 1.19.0
[nodemon] to restart at any time, enter `rs`
[nodemon] watching: /app/server/**/*
[nodemon] starting `node server/index.js`
i Preparing project for development                                    05:32:31
i Initial build may take a while                                       05:32:31
✓ Builder initialized                                                  05:32:32
✓ Nuxt files generated                                                 05:32:32

✓ Client
  Compiled successfully in 12.05s

✓ Server
  Compiled successfully in 9.24s

i Waiting for file changes                                             05:32:46
```

```
READY  Server listening on http://localhost:3000                          05:32:46
```

起動したら新しいターミナルを開いてコンテナで**bash**を実行したあとに**curl**を実行します。

コマンド 2-2-2-5

```
$ docker exec -it step1 bash
# curl localhost:3000
<!doctype html>
<html data-n-head-ssr data-n-head="">
  <head data-n-head="">
    <title data-n-head="true">nuxtpj</title><meta data-n-head="true" charset="utf-8"><meta data-
n-head="true" name="viewport" content="width=device-width, initial-scale=1"><meta data-n-
head="true" data-hid="description" name="description" content="sample nuxt.js project"><link
data-n-head="true" rel="icon" type="image/x-icon" href="/favicon.ico"><link rel="preload"
href="/_nuxt/runtime.js" as="script"><link rel="preload" href="/_nuxt/commons.app.js"
as="script"><link rel="preload" href="/_nuxt/
    vendors.app.js" as="script"><link rel="preload" href="/_nuxt/app.js" as="script"><link
rel="preload" href="/_nuxt/pages/index.js" as="script"><style data-vue-ssr-id="29755fa6:0">/*!
 * Bootstrap v4.3.1 (https://getbootstrap.com/)
 * Copyright 2011-2019 The Bootstrap Authors
 * Copyright 2011-2019 Twitter, Inc.
 * Licensed under MIT (https://github.com/twbs/bootstrap/blob/master/LICENSE)
 */
:root {
  --blue: #007bff;
  --indigo: #6610f2;
  --purple: #6f42c1;
  --pink: #e83e8c;
  --red: #dc3545;
  --orange: #fd7e14;
  --yellow: #ffc107;
  --green: #28a745;
  --teal: #20c997;
  --cyan: #17a2b8;
  --white: #fff;
  --gray: #6c757d;
  --gray-dark: #343a40;
  --primary: #007bff;
  --secondary: #6c757d;
  --success: #28a745;
  --info: #17a2b8;
  --warning: #ffc107;
```

```
    --danger: #dc3545;
    --light: #f8f9fa;
    --dark: #343a40;
    --breakpoint-xs: 0;
    --breakpoint-sm: 576px;
    --breakpoint-md: 768px;
    --breakpoint-lg: 992px;
    --breakpoint-xl: 1200px;
    --font-family-sans-serif: -apple-system, BlinkMacSystemFont, "Segoe UI", Roboto, "Helvetica
Neue", Arial, "Noto Sans", sans-serif, "Apple Color Emoji", "Segoe UI Emoji", "Segoe UI Symbol",
"Noto Color Emoji";
    --font-family-monospace: SFMono-Regular, Menlo, Monaco, Consolas, "Liberation Mono", "Courier
New", monospace;
}
*,
*::before,
*::after {
  box-sizing: border-box;
}
```

…中略…

```
@keyframes goright {
100% {
    left: 70px;
}
}
}
</style>
  </head>
  <body data-n-head="">
    <div data-server-rendered="true" id="__nuxt"><!----><div id="__layout"><div><section
class="container"><div><div class="VueToNuxtLogo"><div class="Triangle Triangle--two"></div> <div
class="Triangle Triangle--one"></div> <div class="Triangle Triangle--three"></div> <div
class="Triangle Triangle--four"></div></div> <h1 class="title">
      nuxtpj
    </h1> <h2 class="subtitle">
      sample nuxt.js project
    </h2> <div class="links"><a href="https://nuxtjs.org/" target="_blank" class="button--
green">Documentation</a> <a href="https://github.com/nuxt/nuxt.js" target="_blank"
class="button--grey">GitHub</a></div></div></section></div></div></div><script>window.__NUXT__={
layout:"default",data:[{}],error:null,serverRendered:true,logs:[]};</script><script src="/_nuxt/
runtime.js" defer></script><script src="/_nuxt/pages/index.js" defer></script><script src="/_
nuxt/commons.app.js" defer></
```

```
    script><script src="/_nuxt/vendors.app.js" defer></script><script src="/_nuxt/app.js"
defer></script>
  </body>
</html>
```

これによりサービスが起動したことが確認できました。

さて、コンテナの**/app**配下に**Nuxt.js**のプロジェクトの雛形ができましたので、まずはこれを開発用ディレクトリへとdocker cpでコピーしてきましょう。

コマンド 2-2-2-6

```
$ docker cp step1:/app .
```

コピーされたことを**ls**コマンドで確認します。

コマンド 2-2-2-7

```
$ ls
Dockerfile app
```

開発においては**Git**でバージョン管理をしていくことになりますので、このサンプルプロジェクトのファイルをコミットしましょう。

Gitを使っている場合には、**Nuxt.js**の雛形ができる際に**.gitignore**を作成してくれるため、そのままファイルをコミットすればOKです。

2-2-3 プロジェクトの雛形を使った実行環境イメージの作成

プロジェクトの雛形ができたので、この雛形をもとに実際に動作する実行環境のイメージを作成していきます。

2-2-2-1で使ったDockerfileに手を加えて次のようにして**build**します。

また、合わせてビルドの時間を短縮するために.dockerignoreも**Dockerfile**と同じディレクトリに作成しましょう。

データ2-2-3-1：Dockerfile（修正）

```
FROM node:12.3.1

ENV NUXT_HOST=0.0.0.0
WORKDIR /app
COPY ./app .
RUN yarn install


CMD ["yarn", "run", "dev"]
```

データ2-2-3-2：.dockerignore

```
Dockerfile
app/node_modules
```

コマンド2-2-3-1

```
$ docker build -t docker_node:step2 .
Sending build context to Docker daemon  590.3kB
Step 1/6 : FROM node:12.3.1
 ---> 6be2fabd4196
Step 2/6 : ENV NUXT_HOST=0.0.0.0
 ---> Running in 709d51070c57
Removing intermediate container 709d51070c57
 ---> 78ca05559483
Step 3/6 : WORKDIR /app
 ---> Running in 7e8649edbf68
Removing intermediate container 7e8649edbf68
 ---> 548f6d57e559
Step 4/6 : COPY ./app .
 ---> 4532569f134b
Step 5/6 : RUN yarn install
```

```
---> Running in 6f72251d9e09
yarn install v1.16.0
[1/4] Resolving packages...
success Already up-to-date.
Done in 0.91s.
Removing intermediate container 6f72251d9e09
 ---> 06b46adf8137
Step 6/6 : CMD ["yarn", "run", "dev"]
 ---> Running in 8058ae72d018
Removing intermediate container 8058ae72d018
 ---> 1dbfee32d9b1
Successfully built 1dbfee32d9b1
Successfully tagged docker_node:step2
```

これでローカルにコピーしたプロジェクトの雛形をもとにしたDockerイメージができました。

それではさっそくイメージを起動してみましょう。

`docker run`に`--init`オプションをつけて起動します。

※docker run の --init オプションについては後ほど解説します。

コマンド2-2-3-2

```
$ docker run --rm --init --name step2 -p 3000:3000 -it docker_node:step2
yarn run v1.16.0
$ cross-env NODE_ENV=development nodemon server/index.js --watch server
[nodemon] 1.19.0
[nodemon] to restart at any time, enter `rs`
[nodemon] watching: /app/server/**/*
[nodemon] starting `node server/index.js`
i Preparing project for development
05:24:15
i Initial build may take a while
05:24:15
✓ Builder initialized
05:24:15
✓ Nuxt files generated
05:24:15

✓ Client
  Compiled successfully in 8.42s

✓ Server
```

```
  Compiled successfully in 5.66s

i Waiting for file changes                                                   05:24:26

  READY   Server listening on http://0.0.0.0:3000                            05:24:26
```

これでサービスが起動しました。

今回はコンテナを起動したときにポート接続もいれたので、手元のブラウザで**http://localhost:3000**
（docker-machineを使っている方は**http://192.168.99.100:3000**など）にアクセスすると次のように表示されます。

図2-2-3-1：Nuxt.jsのサンプルページ

2-2-4 効率的なbuildをするための設定

前節で基本的なNuxt.jsの実行環境が作れましたが、このままの状態ではdocker buildをするときに、ファイルの変更や新しいページの追加を行うたびに前節のDockerfileの**COPY ./app .**の行から実行され**yarn install**が毎回実行されて時間がかかってしまいます。

そのため、yarnによるnpmライブラリのインストールが効率的にDockerの**build cache**に入るようにデータ2-2-3-1のDockerfileを修正します。

データ2-2-4-1：Dockerfile（修正）

```
FROM node:12.3.1

ENV NUXT_HOST=0.0.0.0
WORKDIR /app
COPY ./app/package.json ./app/yarn.lock ./
RUN yarn install


COPY ./app .

CMD ["yarn", "run", "dev"]
```

この内容を**docker build**していきます。

コマンド2-2-4-1

```
$ docker build -t docker_node:step3 .
Sending build context to Docker daemon  577.5kB
Step 1/7 : FROM node:12.3.1
 ---> 6be2fabd4196
Step 2/7 : ENV NUXT_HOST=0.0.0.0
 ---> Using cache
 ---> bca8a286f356
Step 3/7 : WORKDIR /app
 ---> Using cache
 ---> e1282d12e6f9
Step 4/7 : COPY ./app/package.json ./app/yarn.lock ./
 ---> f6da4dce37e0
Step 5/7 : RUN yarn install
 ---> Running in 01963d6e177f
yarn install v1.16.0
```

```
[1/4] Resolving packages...
[2/4] Fetching packages...
info fsevents@2.0.7: The platform "linux" is incompatible with this module.
info "fsevents@2.0.7" is an optional dependency and failed compatibility check. Excluding it from
installation.
info fsevents@1.2.9: The platform "linux" is incompatible with this module.
info "fsevents@1.2.9" is an optional dependency and failed compatibility check. Excluding it from
installation.
[3/4] Linking dependencies...
warning "babel-jest > babel-preset-jest > @babel/plugin-syntax-object-rest-spread@7.2.0" has
unmet peer dependency "@babel/core@^7.0.0-0".
warning " > bootstrap@4.3.1" has unmet peer dependency "jquery@1.9.1 - 3".
warning " > bootstrap@4.3.1" has unmet peer dependency "popper.js@^1.14.7".
warning "bootstrap-vue > portal-vue@2.1.4" has unmet peer dependency "vue@^2.5.18".
warning " > eslint-loader@2.1.2" has unmet peer dependency "webpack@>=2.0.0 <5.0.0".
warning " > @vue/test-utils@1.0.0-beta.29" has unmet peer dependency "vue@2.x".
warning " > @vue/test-utils@1.0.0-beta.29" has unmet peer dependency "vue-template-compiler@^2.
x".
warning " > babel-core@7.0.0-bridge.0" has unmet peer dependency "@babel/core@^7.0.0-0".
warning " > babel-jest@24.8.0" has unmet peer dependency "@babel/core@^7.0.0".
warning "babel-jest > babel-preset-jest@24.6.0" has unmet peer dependency "@babel/core@^7.0.0".
warning " > vue-jest@3.0.4" has unmet peer dependency "vue@^2.x".
warning " > vue-jest@3.0.4" has unmet peer dependency "vue-template-compiler@^2.x".
[4/4] Building fresh packages...
Done in 61.08s.
Removing intermediate container 01963d6e177f
 ---> cc45505bc67d
Step 6/7 : COPY ./app .
 ---> 558d1df83a9b
Step 7/7 : CMD ["yarn", "run", "dev"]
 ---> Running in f581b7b4d90c
Removing intermediate container f581b7b4d90c
 ---> 47a588440d49
Successfully built 47a588440d49
Successfully tagged docker_node:step3
```

buildが成功したら次は**docker run**でコンテナを起動してみましょう。

コマンド2-2-4-2

```
$ docker run --rm --init --name step3 -p 3000:3000 -it docker_node:step3
yarn run v1.16.0
$ cross-env NODE_ENV=development nodemon server/index.js --watch server
```

```
[nodemon] 1.19.0
[nodemon] to restart at any time, enter `rs`
[nodemon] watching: /app/server/**/*
[nodemon] starting `node server/index.js`
i Preparing project for development
06:11:24
i Initial build may take a while                                06:11:24
✓ Builder initialized                                           06:11:25
✓ Nuxt files generated                                          06:11:25

✓ Client
  Compiled successfully in 12.11s

✓ Server
  Compiled successfully in 9.35s

i Waiting for file changes                                      06:11:39

  READY  Server listening on http://0.0.0.0:3000                06:11:39
```

先程と同様の出力が表示されますので、起動後にブラウザからアクセスしてみましょう。

手元のブラウザで http://localhost:3000 （docker-machineを使っている方はhttp://192.168.99.100:3000など）にアクセスすると前節と同じ表示がされます。

以上で効率化されたNuxt.jsの開発環境が整いました。

2-2-5 ローカルでの開発環境

次にこれまでで作成した環境で開発を行うことを考えていきます。
前節と同様にdocker-composeを使用してローカル開発環境を作っていきましょう。
まずは次のようなdocker-compose.ymlを作成します。

データ2-2-5-1：docker-compose.yml

```
version: '3.7'

services:
  nuxtjs:
    image: docker_node:step4
    build: .
    ports:
    - "3000:3000"
    init: true
    volumes:
    - ./app:/app
    - /app/node_modules
```

上記の**docker-compose.yml**は次のような意味合いとなります。

- nuxtjs というコンテナを作成する
- docker_node:step4 というイメージが存在すればそれを起動
    - 上記のイメージがなければカレントディレクトリを起点として docker build を行い docker_node:step4 というイメージを作成して起動
- Dockerのホストとコンテナの3000番ポートをつないだ状態で起動
- ローカルディスクの./appの内容をコンテナの/appというパスにマウントした状態で起動
    - ただしコンテナの /app/node_modules というディレクトリはコンテナにあるものを使う

また、開発環境を作るためには手元のファイルを変更した際にvueファイルの再ビルドが行われるホットリロード機能が必要になりますが、yarn run devによりそれは既に実現されています。
ですが、コンテナでのNuxt.jsの開発においてはvolume mountした際のファイルの変更を検知できない場合があるため、app/nuxt.config.jsの最後に次のようにwatchersという設定項目を入れます。

データ2-2-5-2：app/nuxt.config.js

```js
const pkg = require('./package')


module.exports = {
  mode: 'universal',

  /*
  ** Headers of the page
  */
  head: {
    title: pkg.name,
    meta: [
      { charset: 'utf-8' },
      { name: 'viewport', content: 'width=device-width, initial-scale=1' },
      { hid: 'description', name: 'description', content: pkg.description }
    ],
    link: [
      { rel: 'icon', type: 'image/x-icon', href: '/favicon.ico' }
    ]
  },

  /*
  ** Customize the progress-bar color
  */
  loading: { color: '#fff' },

  /*
  ** Global CSS
  */
  css: [
  ],

  /*
  ** Plugins to load before mounting the App
  */
  plugins: [
  ],

  /*
  ** Nuxt.js modules
  */
  modules: [
    // Doc: https://axios.nuxtjs.org/usage
```

```
      '@nuxtjs/axios',
      // Doc: https://bootstrap-vue.js.org/docs/
      'bootstrap-vue/nuxt'
    ],
    /*
    ** Axios module configuration
    */
    axios: {
      // See https://github.com/nuxt-community/axios-module#options
    },

    /*
    ** Build configuration
    */
    build: {
      /*
      ** You can extend webpack config here
      */
      extend(config, ctx) {
        // Run ESLint on save
        if (ctx.isDev && ctx.isClient) {
          config.module.rules.push({
            enforce: 'pre',
            test: /\.(js|vue)$/,
            loader: 'eslint-loader',
            exclude: /(node_modules)/
          })
        }
      }
    },
    watchers: {
      webpack: {            ┐
        poll: true          │ ─ 追加
      }                     │
    }                       ┘
}
```

以上の変更をおこなったら**docker-compose up**コマンドによりコンテナを起動していきましょう。今回は**docker_node:step4**というイメージが存在しないため**build**から始まります。

コマンド2-2-5-1

```
$ docker-compose up
Building nuxtjs
Step 1/7 : FROM node:12.3.1
 ---> 6be2fabd4196
Step 2/7 : ENV NUXT_HOST=0.0.0.0
 ---> Using cache
 ---> bca8a286f356
Step 3/7 : WORKDIR /app
 ---> Using cache
 ---> e1282d12e6f9
Step 4/7 : COPY ./app/package.json ./app/yarn.lock ./
 ---> 4a9937f6d9ee
Step 5/7 : RUN yarn install
 ---> Running in b74321f60128
yarn install v1.16.0
[1/4] Resolving packages...
[2/4] Fetching packages...
info fsevents@2.0.7: The platform "linux" is incompatible with this module.
info "fsevents@2.0.7" is an optional dependency and failed compatibility check. Excluding it from installation.
info fsevents@1.2.9: The platform "linux" is incompatible with this module.
info "fsevents@1.2.9" is an optional dependency and failed compatibility check. Excluding it from installation.
[3/4] Linking dependencies...
warning "babel-jest > babel-preset-jest > @babel/plugin-syntax-object-rest-spread@7.2.0" has unmet peer dependency "@babel/core@^7.0.0-0".
warning " > bootstrap@4.3.1" has unmet peer dependency "jquery@1.9.1 - 3".
warning " > bootstrap@4.3.1" has unmet peer dependency "popper.js@^1.14.7".
warning "bootstrap-vue > portal-vue@2.1.4" has unmet peer dependency "vue@^2.5.18".
warning " > eslint-loader@2.1.2" has unmet peer dependency "webpack@>=2.0.0 <5.0.0".
warning " > @vue/test-utils@1.0.0-beta.29" has unmet peer dependency "vue@2.x".
warning " > @vue/test-utils@1.0.0-beta.29" has unmet peer dependency "vue-template-compiler@^2.x".
warning " > babel-core@7.0.0-bridge.0" has unmet peer dependency "@babel/core@^7.0.0-0".
warning " > babel-jest@24.8.0" has unmet peer dependency "@babel/core@^7.0.0".
warning "babel-jest > babel-preset-jest@24.6.0" has unmet peer dependency "@babel/core@^7.0.0".
warning " > vue-jest@3.0.4" has unmet peer dependency "vue@^2.x".
warning " > vue-jest@3.0.4" has unmet peer dependency "vue-template-compiler@^2.x".
[4/4] Building fresh packages...
Done in 87.19s.
Removing intermediate container b74321f60128
 ---> df914a3b791c
Step 6/7 : COPY ./app .
```

```
 ---> 3a00bd547924
Step 7/7 : CMD ["yarn", "run", "dev"]
 ---> Running in c50bec1fd5a2
Removing intermediate container c50bec1fd5a2
 ---> ab20f0365f77

Successfully built ab20f0365f77
Successfully tagged docker_node:step4
WARNING: Image for service nuxtjs was built because it did not already exist. To rebuild this
image you must use `docker-compose build` or `docker-compose up --build`.
Creating step4_nuxtjs_1_1f38d4b451c9 ... done
Attaching to step4_nuxtjs_1_36bed35eacac
nuxtjs_1_36bed35eacac | yarn run v1.16.0
nuxtjs_1_36bed35eacac | $ cross-env NODE_ENV=development nodemon server/index.js --watch server
nuxtjs_1_36bed35eacac | [nodemon] 1.19.0
nuxtjs_1_36bed35eacac | [nodemon] to restart at any time, enter `rs`
nuxtjs_1_36bed35eacac | [nodemon] watching: /app/server/**/*
nuxtjs_1_36bed35eacac | [nodemon] starting `node server/index.js`
nuxtjs_1_36bed35eacac | 06:36:52 i Preparing project for development
nuxtjs_1_36bed35eacac | 06:36:52 i Initial build may take a while
nuxtjs_1_36bed35eacac | 06:36:53 ☒ Builder initialized
nuxtjs_1_36bed35eacac | 06:36:53 ☒ Nuxt files generated
nuxtjs_1_36bed35eacac | webpackbar 06:36:56 i Compiling Client
nuxtjs_1_36bed35eacac | webpackbar 06:36:56 i Compiling Server
nuxtjs_1_36bed35eacac | webpackbar 06:37:07 ✓ Server: Compiled successfully in 11.06s
nuxtjs_1_36bed35eacac | webpackbar 06:37:10 ✓ Client: Compiled successfully in 14.63s
nuxtjs_1_36bed35eacac | 06:37:10 i Waiting for file changes
nuxtjs_1_36bed35eacac | 06:37:10  READY  Server listening on http://0.0.0.0:3000
```

コンテナが立ち上がりましたら手元のブラウザでhttp://localhost:3000（docker-machineを使っている方はhttp://192.168.99.100:3000など）にアクセスします。

前節と同じNuxt.jsのサンプルページが表示されます。

図2-2-5-1：Nuxt.jsのサンプルページ

それでは開発環境ができたがどうかをこのサンプルページを変更することで確認してみましょう。
app/pages/index.vueを次のように変更します。

データ2-2-5-3：app/pages/index.vue

```
<template>
  <section class="container">
    <div>
      <logo />
      <h1 class="title">
        changed nuxtpj
      </h1>
      <h2 class="subtitle">
        sample nuxt.js project
      </h2>
      <div class="links">
        <a
          href="https://nuxtjs.org/"
          target="_blank"
          class="button--green"
```

```
        >Documentation</a>
        <a
          href="https://github.com/nuxt/nuxt.js"
          target="_blank"
          class="button--grey"
        >GitHub</a>
      </div>
    </div>
  </section>
</template>

<script>
import Logo from '~/components/Logo.vue'

export default {
  components: {
    Logo
  }
}
</script>

<style>
.container {
  margin: 0 auto;
  min-height: 100vh;
  display: flex;
  justify-content: center;
  align-items: center;
  text-align: center;
}

.title {
  font-family: 'Quicksand', 'Source Sans Pro', -apple-system, BlinkMacSystemFont,
    'Segoe UI', Roboto, 'Helvetica Neue', Arial, sans-serif;
  display: block;
  font-weight: 300;
  font-size: 100px;
  color: #35495e;
  letter-spacing: 1px;
}

.subtitle {
  font-weight: 300;
  font-size: 42px;
  color: #526488;
```

```
  word-spacing: 5px;
  padding-bottom: 15px;
}

.links {
  padding-top: 15px;
}
</style>
```

nuxtpjという記述の部分を**changed nuxtpj**と変更しました。
ファイルを変更すると次のように出力が表示されます。

データ2-2-5-4：出力

```
nuxtjs_1_36bed35eacac | webpackbar 06:41:58 i Compiling Server
nuxtjs_1_36bed35eacac | webpackbar 06:41:59 i Compiling Client
nuxtjs_1_36bed35eacac | webpackbar 06:42:01 ✓ Client: Compiled successfully in 2.26s
```

それでは改めて、手元のブラウザでhttp://localhost:3000（docker-machineを使っている方はhttp://192.168.99.100:3000など）にアクセスしてみましょう。
変更した部分が反映されて、先程まで nuxtpjと表示されていた部分が**changed nuxtpj**と表示されるはずです。

図2-2-5-2：変更後のNuxt.jsのサンプルページ

2-2-6 Node実行環境のinitオプションについて

2-2-3「プロジェクトの雛形を使った実行環境イメージの作成」の節において、コンテナの起動時に**--init**オプションをつけて起動することについて記載しましたが、本節ではその説明をします。
Dockerではコンテナは**ENTRYPOINT**（または**CMD**）で指定されたプロセスを**PID 1**で起動し、そのプロセスが終了するとコンテナは終了する仕組みとなっています。
Node.jsではPID 1でプロセスが実行されるように設計されておらず、想定しない動作をする可能性があるため**Docker 1.13**以降においてできた**--init**オプションをつけて実行することが推奨されています。
次の記述は公式ドキュメントからの引用文となります（2019年6月現在）。

https://github.com/nodejs/docker-node/blob/master/docs/BestPractices.md#handling-kernel-signals

```
Node.js was not designed to run as PID 1 which leads to unexpected behaviour when running inside
of Docker. For example, a Node.js process running as PID 1 will not respond to SIGTERM (CTRL-C)
and similar signals. As of Docker 1.13, you can use the --init flag to wrap your Node.js process
with a lightweight init system that properly handles running as PID 1.

$ docker run -it --init node

You can also include Tini directly in your Dockerfile, ensuring your process is always started
with an init wrapper.
```

--initは実際には**tini**というプログラムを実行しており、次が公式のGitHubとなります。

https://github.com/krallin/tini

--initオプションをつけることは利用者に依存するため、コンテナ作成時に自身で**tini**をインストールしたうえで**ENTRYPOINT**で**tini**が確実に実行されるようにしたほうが親切といえます。
それでは前節で作成したNode.jsのコンテナに直接tiniをインストールして実行されるように変更してみましょう。

まずは**Dockerfile**を次のように変更します。

データ2-2-6-1：Dockerfile（修正）

```
FROM node:12.3.1

ENV NUXT_HOST=0.0.0.0
ENV TINI_VERSION=v0.18.0

ADD https://github.com/krallin/tini/releases/download/${TINI_VERSION}/tini /tini
RUN chmod +x /tini

WORKDIR /app
COPY ./app/package.json ./app/yarn.lock ./
RUN yarn install

COPY ./app .

CMD ["/tini", "--", "yarn", "run", "dev"]
```

次に**docker-compose.yml**で不要になった**init**オプションを削除します。

データ2-2-6-2：docker-compose.yml（修正）

```
version: '3.7'

services:
  nuxtjs:
    image: docker_node:step5
    build: .
    ports:
    - "3000:3000"
    volumes:
    - ./app:/app
    - /app/node_modules
```

それではコンテナを起動していきます。

コマンド 2-2-6-1

```
$ docker-compose up
Building nuxtjs
Step 1/10 : FROM node:12.3.1
 ---> 6be2fabd4196
Step 2/10 : ENV NUXT_HOST=0.0.0.0
 ---> Using cache
 ---> bca8a286f356
Step 3/10 : ENV TINI_VERSION=v0.18.0
 ---> Running in 11387dc29095
Removing intermediate container 11387dc29095
 ---> 32072be25b27
Step 4/10 : ADD https://github.com/krallin/tini/releases/download/${TINI_VERSION}/tini /tini

 ---> 7b9bb3c1a7b0
Step 5/10 : RUN chmod +x /tini
 ---> Running in e32713a977ef
Removing intermediate container e32713a977ef
 ---> a2a51108cdb2
Step 6/10 : WORKDIR /app
 ---> Running in 199c9c47b592
Removing intermediate container 199c9c47b592
 ---> 07d1e5894359
Step 7/10 : COPY ./app/package.json ./app/yarn.lock ./
 ---> d6172df8668b
Step 8/10 : RUN yarn install
 ---> Running in 9efc53066f70
yarn install v1.16.0
[1/4] Resolving packages...
[2/4] Fetching packages...
info fsevents@2.0.7: The platform "linux" is incompatible with this module.
info "fsevents@2.0.7" is an optional dependency and failed compatibility check. Excluding it from installation.
info fsevents@1.2.9: The platform "linux" is incompatible with this module.
info "fsevents@1.2.9" is an optional dependency and failed compatibility check. Excluding it from installation.
[3/4] Linking dependencies...
warning "babel-jest > babel-preset-jest > @babel/plugin-syntax-object-rest-spread@7.2.0" has unmet peer dependency "@babel/core@^7.0.0-0".
warning " > bootstrap@4.3.1" has unmet peer dependency "jquery@1.9.1 - 3".
warning " > bootstrap@4.3.1" has unmet peer dependency "popper.js@^1.14.7".
```

```
warning "bootstrap-vue > portal-vue@2.1.4" has unmet peer dependency "vue@^2.5.18".
warning " > eslint-loader@2.1.2" has unmet peer dependency "webpack@>=2.0.0 <5.0.0".
warning " > @vue/test-utils@1.0.0-beta.29" has unmet peer dependency "vue@2.x".
warning " > @vue/test-utils@1.0.0-beta.29" has unmet peer dependency "vue-template-compiler@^2.
x".
warning " > babel-core@7.0.0-bridge.0" has unmet peer dependency "@babel/core@^7.0.0-0".
warning " > babel-jest@24.8.0" has unmet peer dependency "@babel/core@^7.0.0".
warning "babel-jest > babel-preset-jest@24.6.0" has unmet peer dependency "@babel/core@^7.0.0".
warning " > vue-jest@3.0.4" has unmet peer dependency "vue@^2.x".
warning " > vue-jest@3.0.4" has unmet peer dependency "vue-template-compiler@^2.x".
[4/4] Building fresh packages...
Done in 60.62s.
Removing intermediate container 9efc53066f70
 ---> 0998b474ad7b
Step 9/10 : COPY ./app .
 ---> bcf86d6e0a27
Step 10/10 : CMD ["/tini", "--", "yarn", "run", "dev"]
 ---> Running in fa4636c1b8d3
Removing intermediate container fa4636c1b8d3
 ---> 704d9f00e1be

Successfully built 704d9f00e1be
Successfully tagged docker_node:step5
WARNING: Image for service nuxtjs was built because it did not already exist. To rebuild this
image you must use `docker-compose build` or `docker-compose up --build`.
Creating step5_nuxtjs_1_ae6a1da0cbd1 ... done
Attaching to step5_nuxtjs_1_bd85c54fd2d8
nuxtjs_1_bd85c54fd2d8 | yarn run v1.16.0
nuxtjs_1_bd85c54fd2d8 | $ cross-env NODE_ENV=development nodemon server/index.js --watch server
nuxtjs_1_bd85c54fd2d8 | [nodemon] 1.19.0
nuxtjs_1_bd85c54fd2d8 | [nodemon] to restart at any time, enter `rs`
nuxtjs_1_bd85c54fd2d8 | [nodemon] watching: /app/server/**/*
nuxtjs_1_bd85c54fd2d8 | [nodemon] starting `node server/index.js`
nuxtjs_1_bd85c54fd2d8 | 07:00:25 i Preparing project for development
nuxtjs_1_bd85c54fd2d8 | 07:00:25 i Initial build may take a while
nuxtjs_1_bd85c54fd2d8 | 07:00:25 ✓ Builder initialized
nuxtjs_1_bd85c54fd2d8 | 07:00:25 ✓ Nuxt files generated
nuxtjs_1_bd85c54fd2d8 | webpackbar 07:00:28 i Compiling Client
nuxtjs_1_bd85c54fd2d8 | webpackbar 07:00:28 i Compiling Server
nuxtjs_1_bd85c54fd2d8 | webpackbar 07:00:39 ✓ Server: Compiled successfully in 10.62s
nuxtjs_1_bd85c54fd2d8 | webpackbar 07:00:39 i Compiling Server
nuxtjs_1_bd85c54fd2d8 | webpackbar 07:00:40 ✓ Server: Compiled successfully in 1.09s
nuxtjs_1_bd85c54fd2d8 | webpackbar 07:00:43 ✓ Client: Compiled successfully in 14.68s
nuxtjs_1_bd85c54fd2d8 | 07:00:43 i Waiting for file changes
```

```
nuxtjs_1_bd85c54fd2d8 |
nuxtjs_1_bd85c54fd2d8 | 07:00:43  READY  Server listening on http://0.0.0.0:3000
```

コンテナが起動したら新しいターミナルを開き、`docker-compose exec nuxtjs bash`を実行してコンテナのshellを起動してプロセスを表示します。

コマンド2-2-6-2

```
$ docker-compose exec nuxtjs bash
root@d956320ff668:/app# ps aux
USER       PID %CPU %MEM    VSZ    RSS TTY     STAT START   TIME COMMAND
root         1  0.0  0.0   4188     28 ?       Ss   07:59   0:00 /tini -- yarn r
root         6  0.2  5.5 758688  56468 ?       Sl   07:59   0:00 node /opt/yarn-
root        27  0.0  0.0   4292     72 ?       S    07:59   0:00 /bin/sh -c cros
root        28  0.0  0.0   4292     76 ?       S    07:59   0:00 /bin/sh /tmp/ya
root        29  0.0  2.4 560500  24572 ?       Sl   07:59   0:00 /usr/local/bin/
root        36  0.0  0.0   4292     76 ?       S    07:59   0:00 /bin/sh /tmp/ya
root        37  0.3  3.4 666848  34876 ?       Sl   07:59   0:00 /usr/local/bin/
root        50 98.3 19.1 1236852 194020 ?      Sl   07:59   2:14 /usr/local/bin/
root        61  0.6  0.2  18188   3000 pts/0   Ss   08:01   0:00 bash
root        66  0.0  0.2  36640   2656 pts/0   R+   08:01   0:00 ps aux
```

たしかに**tini**が**PID 1**として実行され、**node**コマンドが別プロセスで起動していることがわかります。以上が**init**オプションについての説明と代替手段である**tini**を独自にインストールして使う方法の紹介となります。

2-3 Rubyの実行環境の構築

この節では、RubyアプリケーションのDocker実行環境になるDockerコンテナを構築していきます。
ここでは簡単なRubyアプリケーションの例として、Sinatraを例にとって作っていきたいと思います。

2-3-1 Sinatraとは

SinatraはRubyで作成されたオープンソースのWebアプリケーションフレームワークの一つで、とにかく構造が（MVCフレームワークも使っていないほどに）シンプルなのが特徴です。

　SinatraのWebサイト: http://sinatrarb.com/

図2-3-1-1：SinatraのWebサイト

Sinatraで最低限のWebアプリケーションを作成して動かす手順は次の3ステップです。

1. Rubyがインストールされた環境にsinatra gemを追加する。
2. アプリケーション本体の処理をRubyのソースコードとして用意する。
3. 2で作成したRubyのソースコードを実行する。

Sinatraではアプリケーション本体の処理を記述するスタイルが2種類あります。一つは必要な処理をトップレベルに直接書いていく**classic style**で、もう一つはクラスの内部に書いていく**modular style**です。ここではアプリケーションの記述がシンプルなclassic styleを使うことにします。

2-3-2 前準備

前準備としてコンテナのホスト環境に作業用のディレクトリを用意してカレントディレクトリにします。以降はこのディレクトリがカレントディレクトリであることを想定して解説します。

コマンド 2-3-2-1

```
$ mkdir sinatra-sample
$ cd sinatra-sample
$
```

デフォルトでは**Docker Compose**のプロジェクト名としてディレクトリ名が用いられます。これを変更するためには環境変数**COMPOSE_PROJECT_NAME**にプロジェクト名を設定しておくか、次のように環境変数の値をセットしたものを**.env**ファイルとして作成しておきます。

データ 2-3-2-1：.env

```
COMPOSE_PROJECT_NAME=sinatra-sample
```

2-3-3 Docker Composeのプロジェクトを作る

まずはDocker Composeのプロジェクトファイルを作成します。次の内容で**docker-compose.yml**ファイルを作成します。

データ2-3-3-1：docker-compose.yml

```
version: "3"

services:
  # Sinatraのサンプルアプリケーション
  app:
    build: .
```

続けてappサービスのイメージをビルドするための**Dockerfile**を作成します。次の内容でDockerfileファイルを作成します。

データ2-3-3-2：Dockerfile

```
# Docker公式のRubyイメージを使う
FROM ruby:2.6.1-stretch

# アプリケーションを配置するディレクトリ
WORKDIR /app
```

この例ではDocker公式のRubyイメージを使うことにします。また、**FROM**のイメージ名はタグを明示するようにしています。これによって**latest**で提供されている最新バージョンのイメージではなく、タグに関連付けられた特定の環境のイメージが使われるようになります。

Docker公式のRubyイメージでは、Rubyのバージョンやベースイメージの環境によってタグ名がつけられています。ここでは**2.6.1-stretch**を指定して、執筆時点で最新バージョンであるRuby 2.6.1を使うことにします。また、タグ名についているサフィックスの**-stretch**はベースイメージを表しています。すなわち、このイメージはDebianの現在（執筆時点）の安定版であるDebian GNU/Linux 9（コードネームstretch）をベースにしていることがわかります。

続く**WORKDIR**命令でルートディレクトリ直下の**/app**を作業ディレクトリにしています。このディレクトリはベースイメージには存在しませんが、このタイミングでイメージ内に作成されます。そのため、前の段階で「`RUN mkdir /app`」といった命令を実行しておく必要はありません。

ここでは**/app**の下にアプリケーションのファイルを配置することを想定しています。この段階で作業ディレクトリを指定しておくことで、パスの表記を相対パスで簡潔に記述できるメリットがあります。他のDockerfileでは**/app**ではなく**/var/www**の下や**/usr/src/app**にアプリケーションのファイルを配置することもあるようです。

例えばCapistranoなどでコンテナ化されていないWebサーバーへデプロイする場合、デプロイ先は**/var/www**の下になることが多いです。そのような既存の環境と同一のファイル構成にすることで、環境の差異を小さくできるメリットがあります。

もう一つの**/usr/src/app**は、昔使われていた(今はdeprecatedになっている)onbuildと言われる種類のイメージで指定されていたディレクトリです。昔はこのonbuildイメージをベースに指定することで、追加の命令を記述することなしにビルド時にGemfileやソースコードが**/usr/src/app**にコピーされるようになっていました。

2-3-4 ベースイメージの動作を確認してみる

ここまでのファイルを作成したら、いったん動作確認も兼ねてコンテナを立ち上げてみましょう。先のプロジェクトファイルでは**app**サービスの定義を作成したため、`docker-compose up`でコンテナを立ち上げることができます。ですが、動作確認や一回限り(one-off)のコマンドを実行する場合は`docker-compose run`を使う方が便利です。ここからしばらくの手順はサービスとして動かすためのコマンドを実行するわけではないので、`docker-compose run`を使っていきます。

ホスト環境から`docker-compose run --rm app`コマンドを実行します。

コマンド2-3-4-1

```
$ docker-compose run --rm app
Creating network "sinatra-sample_default" with the default driver
Building app
Step 1/2 : FROM ruby:2.6.1-stretch
2.6.1-stretch: Pulling from library/ruby
22dbe790f715: Pull complete
0250231711a0: Pull complete
6fba9447437b: Pull complete
c2b4d327b352: Pull complete
270e1baa5299: Pull complete
01cbe6152974: Pull complete
171304b3c85e: Pull complete
39d24672b947: Pull complete
```

```
Digest: sha256:bf8a5574e5724cea0f545a4027c54a97f0bd768a0e96f4bfb14a718234fa4d0f
Status: Downloaded newer image for ruby:2.6.1-stretch
 ---> 99ef552a6db8
Step 2/2 : WORKDIR /app
 ---> Running in 53740f44123d
Removing intermediate container 53740f44123d
 ---> d1a31e5e1c7f
Successfully built d1a31e5e1c7f
Successfully tagged sinatra-sample_app:latest
WARNING: Image for service app was built because it did not already exist. To rebuild this image
you must use `docker-compose build` or `docker-compose up --build`.
irb(main):001:0>
```

irbのシェルが表示されました。次のコマンドで確認できる通り、Rubyの公式イメージでは**CMD**命令で**irb**が指定されています。そのため、何もコマンドを指定していない状態では**irb**のシェルが実行されるようになっています。

コマンド2-3-4-2

```
$ docker inspect --format='{{.Config.Cmd}}' ruby:2.6.1-stretch
[irb]
```

出力の後ろにある「**WARNING: Image for service app was built because it did not already exist.**」の通り、コンテナを実行する際にイメージがビルドされていなかった場合はイメージがビルドされるようになっています。しかしながら、イメージが既に存在している場合はビルドは実行されません。後続のステップでDockerfileなどを編集したりした場合、イメージをビルドし直ためには明示的に`docker-compose build`を実行する必要があります。

また、コマンドに`--rm`オプションをつけることで、終了したコンテナが削除されるようにしています。これはコマンドの実行結果を残しておく必要がない（もしくはボリューム先に書き出している）場合にスペースを節約することができるので便利です。

Ruby環境が動くことを確認するため、ここでいくつか**irb**のシェルからRubyのコードを実行してみましょう。

コマンド2-3-4-3

```
irb(main):001:0> [RUBY_VERSION, RUBY_PATCHLEVEL]
=> ["2.6.1", 33]
irb(main):002:0> require 'socket'
=> true
irb(main):003:0> Socket.gethostname
=> "c51cf94dd7d1"
irb(main):004:0>
```

実行しているRubyのバージョンが2.6.1で、タグで指定したバージョンと同じであることがわかります。続けて**socket**ライブラリを用いてホスト名を取得してみると、コンテナIDから自動設定されたホスト名である**f91f9720e199**が返ってくることがわかります。

ここまでの動作が確認できたら、いったんこのコンテナを停止します。コンテナを立ち上げた際に実行したプロセス（ここでは**irb**）を終了させると、コンテナが停止します。

コマンド2-3-4-4

```
irb(main):004:0> exit
```

先の例ではコマンドに**--rm**オプションを指定していたので、ここで立ち上がっていたコンテナは停止後に自動的に削除されています。コマンドに**--rm**オプションを指定していなかった場合、停止しただけでコンテナは削除されずに残っています。

コマンド2-3-4-5

```
$ docker-compose run app
irb(main):001:0> exit
$ docker ps -a
CONTAINER ID        IMAGE               COMMAND             CREATED             STATUS
PORTS               NAMES
c9c96e856a63        sinatra-sample_app  "irb"               About a minute ago  Exited (0)
About a minute ago                      sinatra-sample_app_run_3942eab6052f
```

docker-compose rmコマンドを実行すると、このDocker Composeプロジェクトから作成した
コンテナを削除することができます。docker-compose rmコマンドを実行すると、このDocker
Composeプロジェクトから作成したコンテナを削除することができます。

コマンド2-3-4-6

```
$ docker-compose rm
Going to remove sinatra-sample_app_run_3942eab6052f
Are you sure? [yN] y
Removing sinatra-sample_app_run_3942eab6052f ... done
```

2-3-5 ホスト環境のディレクトリにアクセスできるように設定する

今度はシェルを実行してみます。シェルコマンドの**bash**を**docker-compose run**の引数に与え
て実行します。

コマンド2-3-5-1

```
$ docker-compose run --rm app bash
root@d5e93a81b562:/app#
```

シェルのプロンプトが表示されました。ここでコンテナIDから自動設定されているホスト名を確認し
てみると、コンテナIDが前の**irb**を実行したものと異なっていることがわかります。すなわち、前の
irbコマンドを実行した環境とは別の環境で実行されていることがわかります。

コマンド2-3-5-2

```
root@d5e93a81b562:/app# hostname
d5e93a81b562
root@d5e93a81b562:/app#
```

また、先のDockerfileで説明したとおり、カレントディレクトリが**WORKDIR**命令で指定した**/app**になっています。カレントディレクトリの中身を確認してみましょう。

コマンド 2-3-5-3

```
root@d5e93a81b562:/app# pwd
/app
root@d5e93a81b562:/app# ls -a
.  ..
root@d5e93a81b562:/app# touch hoge
root@d5e93a81b562:/app# ls -a
.  ..  hoge
root@d5e93a81b562:/app#
```

このディレクトリはコンテナ環境のディレクトリなので、作成したファイルはこのコンテナにしか存在しません。もう一度**docker-compose run**を実行して別のコンテナからアクセスすると、前のファイルがなくなっていることを確認できます。

コマンド 2-3-5-4

```
root@d5e93a81b562:/app# exit
exit
$ docker-compose run --rm app bash
root@2f190e771910:/app# ls -a
.  ..
root@2f190e771910:/app# exit
exit
```

このままファイルを作成してもホスト環境に取り出すのが手間になるので、この**/app**ディレクトリからホスト環境のディレクトリにアクセスできるように設定します。
次のように**docker-compose.yml**へ**volumes**オプションを追加します。

データ 2-3-5-1：docker-compose.yml（修正）

```
version: "3"

services:
  # Sinatraのサンプルアプリケーション
  app:
```

```
    build: .

    volumes:
      - .:/app
```

この状態で**docker-compose run**を実行してみましょう。先ほど作成した**docker-compose.yml**を含めてホスト環境のディレクトリにアクセスできていることが確認できます。

コマンド 2-3-5-5

```
$ docker-compose run --rm app bash
root@95fe73e7e658:/app# ls -a
.  ..  .env  Dockerfile  docker-compose.yml
root@95fe73e7e658:/app#
root@95fe73e7e658:/app# cat docker-compose.yml
version: "3"

services:
  # Sinatraのサンプルアプリケーション
  app:
    build: .

    volumes:
      - .:/app
root@95fe73e7e658:/app# exit
exit
```

今後の作業は、この設定に従ってホスト環境のディレクトリがマウントされている状態で進めていきます。

2-3-6 Sinatraをインストールする

Sinatraのライブラリは**gem**として提供されています。これを**Bundler**の依存関係に指定して**gem**がインストールできるようにします。

公式のRubyイメージでは**Bundler**がインストール済みで**bundle**コマンドが使えるようになっています。

Bundlerを用いてgemを追加する

まず、先の手順と同様に`docker-compose run`からコンテナ内部でシェルを実行します。

コマンド 2-3-6-1
```
$ docker-compose run --rm app bash
root@cd5f9b6c6d60:/app#
```

コンテナ内部のシェルから`bundle init`を実行します。

コマンド 2-3-6-2
```
root@cd5f9b6c6d60:/app# bundle init
Writing new Gemfile to /app/Gemfile
root@cd5f9b6c6d60:/app#
```

Bundlerを`bundle init`で実行すると**Gemfile**が作成されます。このファイルはコンテナのカレントディレクトリである**/app**ディレクトリの下に作成されているので、実際にはコンテナ内部ではなくマウント先のホスト環境のディレクトリへ書き出されています。

作成された**Gemfile**を確認します。

コマンド 2-3-6-3
```
root@cd5f9b6c6d60:/app# ls -a
.  ..  .env  Dockerfile  Gemfile  docker-compose.yml
root@cd5f9b6c6d60:/app# cat Gemfile
# frozen_string_literal: true

source "https://rubygems.org"

git_source(:github) {|repo_name| "https://github.com/#{repo_name}" }

# gem "rails"
root@cd5f9b6c6d60:/app#
```

カレントディレクトリに既に**Gemfile**が存在している場合はエラーになります。手順をやり直したい場合、いったん**Gemfile**を削除してください。

コマンド 2-3-6-4：Gemfile を削除して作り直す

```
root@cd5f9b6c6d60:/app# bundle init
Gemfile already exists at /app/Gemfile
root@cd5f9b6c6d60:/app# rm -v Gemfile
removed 'Gemfile'
root@cd5f9b6c6d60:/app# bundle init
Writing new Gemfile to /app/Gemfile
root@cd5f9b6c6d60:/app#
```

Bundlerで依存関係のgemを追加するためには **bundle add** コマンドに **gem** 名を指定して実行します。ここではgemのバージョンが（執筆時点で最新の）2.0.5になるように、コマンドは **bundle add sinatra --version '~> 2.0.5'** として実行しています。

コマンド 2-3-6-5

```
root@cd5f9b6c6d60:/app# bundle add sinatra --version '~> 2.0.5'
Fetching gem metadata from https://rubygems.org/..........
Resolving dependencies...
Fetching gem metadata from https://rubygems.org/.........
Using bundler 1.17.3
Fetching mustermann 1.0.3
Installing mustermann 1.0.3
Fetching rack 2.0.6
Installing rack 2.0.6
Fetching rack-protection 2.0.5
Installing rack-protection 2.0.5
Fetching tilt 2.0.9
Installing tilt 2.0.9
Fetching sinatra 2.0.5
Installing sinatra 2.0.5
root@cd5f9b6c6d60:/app#
```

bundle addを実行すると、引数に指定した**gem**が依存関係に追加され、依存関係にあるgemも含めてインストールされます。実行後の**Gemfile**ファイルには**gem "sinatra", "~> 2.0.5"**が追加されているほか、新しく**Gemfile.lock**ファイルが作成されています。

コマンド2-3-6-6

```
root@cd5f9b6c6d60:/app# ls -a
.  ..  .env  Dockerfile  Gemfile  Gemfile.lock  docker-compose.yml
root@cd5f9b6c6d60:/app# cat Gemfile
# frozen_string_literal: true

source "https://rubygems.org"

git_source(:github) {|repo_name| "https://github.com/#{repo_name}" }

# gem "rails"

gem "sinatra", "~> 2.0.5"
root@cd5f9b6c6d60:/app#
```

Gemfile.lockファイルには**Gemfile**に指定された**gem**の依存関係が指定されています。依存関係にはインストールされた**gem**のバージョンも含まれているため、**Bundler**は**Gemfile.lock**ファイルを参照して常に同一のバージョンの**gem**一式をインストールできるようになっています。

コマンド2-3-6-7

```
GEM
  remote: https://rubygems.org/
  specs:
    mustermann (1.0.3)
    rack (2.0.6)
    rack-protection (2.0.5)
      rack
    sinatra (2.0.5)
      mustermann (~> 1.0)
      rack (~> 2.0)
      rack-protection (= 2.0.5)
      tilt (~> 2.0)
    tilt (2.0.9)

PLATFORMS
```

```
  ruby

DEPENDENCIES
  sinatra (~> 2.0.5)

BUNDLED WITH
   1.17.3
```

ここでインストールされた**Sinatra**が使えることを確認してみましょう。Bundlerでインストールした**gem**を使うためには、通常はプログラムを**bundle exec**経由で実行する必要があります。Bundlerはgemを別々の場所（カレントディレクトリの下の**vendor/bundle**など）にインストールすることで、gemの依存関係を別々に管理できるようにするためのツールでもあるからです。インストール先のgemが読み込まれるようにRubyの環境を設定する必要があり、それを行うのが**bundle exec**コマンドです。

しかしながら、Rubyの公式イメージでは**bundle exec**を経由しなくてもBundlerでインストールしたgemを使うことができるようになっています。このイメージではBundler関連の設定がどのようなっているか、環境変数を確認してみましょう。コンテナ内部から**env**コマンドを実行すると、次のように環境変数が設定されていることがわかります。

コマンド2-3-6-8

```
root@cd5f9b6c6d60:/app# env | grep -E 'BUNDLE|GEM|PATH'
RUBYGEMS_VERSION=3.0.3
GEM_HOME=/usr/local/bundle
BUNDLE_PATH=/usr/local/bundle
BUNDLE_APP_CONFIG=/usr/local/bundle
BUNDLE_SILENCE_ROOT_WARNING=1
PATH=/usr/local/bundle/bin:/usr/local/bundle/gems/bin:/usr/local/sbin:/usr/local/bin:/usr/sbin:/usr/bin:/sbin:/bin
root@cd5f9b6c6d60:/app#
```

Bundlerがgemをインストールする先はシステムのgemがインストールされる場所（**GEM_HOME=/usr/local/bundle**）と同じ場所（**BUNDLE_PATH=/usr/local/bundle**）に設定されています。また、コマンドを実行するときのパスにもBundlerやgemコマンドでインストールされたプログラムのパス（**/usr/local/bundle/bin**と**/usr/local/bundle/gems/bin**）が追加されていることもわかります。そのため、**bundle exec**を経由しなくてもBundlerで管理している依存関係のgemが読み込まれるようになっています。

それでは、**irb**を使ってインストールされたSinatraが使えることを確認してみましょう。ここでは**irb**コマンドに**-r sinatra**オプションを指定することでSinatraのライブラリを**require**するようにしました。

コマンド2-3-6-9

```
root@cd5f9b6c6d60:/app# irb -rsinatra
irb(main):001:0> Sinatra::VERSION
=> "2.0.5"
irb(main):002:0> exit
root@cd5f9b6c6d60:/app#
```

Sinatraのライブラリが**require**できて、バージョン番号が格納されている定数にアクセスできることを確認できました。

ここまでの作業が済んだ時点で、いったんコンテナを停止させておきます。コンテナを立ち上げた際に**--rm**オプションも指定しているので、停止したコンテナは削除されています。

追加されたgemはどうなっているか？

docker-compose runはその場限りのコマンドを実行するためのコマンドで、コマンドは都度作成される新しいコンテナで実行されるようになっています。

先の手順ではgemをインストールするためのコマンドをその場限り用のコンテナの内部で実行していたため、Sinatraのgemは実行中のコンテナの内部（コンテナごとに作成された一時的な領域）にインストールされています。特別な設定をしていない限り、コンテナの内部で作成したファイルは他のコンテナからアクセスすることができません。そのため、コンテナを作り直すとgemがインストールされていない状態に戻ってしまいます。

もう一度docker-compose runでシェルを実行して、新しく作成されたコンテナの状態を確認してみましょう。

コマンド2-3-6-10

```
$ docker-compose run --rm app bash
root@d11f3c18fb1e:/app#
```

この状態で先に実行したirbコマンドを実行してみても、必要なライブラリが読み込めていないことが確認できます。

コマンド2-3-6-11

```
root@d11f3c18fb1e:/app# irb -rsinatra
/usr/local/lib/ruby/2.6.0/irb/init.rb:280: warning: LoadError: cannot load such file -- sinatra
irb(main):001:0> Sinatra::VERSION
Traceback (most recent call last):
        4: from /usr/local/bin/irb:23:in `<main>'
        3: from /usr/local/bin/irb:23:in `load'
        2: from /usr/local/lib/ruby/gems/2.6.0/gems/irb-1.0.0/exe/irb:11:in `<top (required)>'
        1: from (irb):1
NameError (uninitialized constant Sinatra)
irb(main):002:0> exit
root@d11f3c18fb1e:/app#
```

先に述べたとおり、Bundlerはgemのバージョンも含めて依存関係を管理するツールです。**Gemfile**と**Gemfile.lock**があれば同じバージョンのgem一式をインストールし直すことが可能です。先の手順で/appディレクトリはホスト環境のディレクトリをマウントしているため、GemfileとGemfile.lockはホスト環境のディレクトリに書き出されています。
ホスト環境のディレクトリはコンテナを削除しても保持されているので、コンテナを作り直しても元の内容が見えるようになっています。

コマンド2-3-6-12

```
root@d11f3c18fb1e:/app# ls -a
.  ..  .env  Dockerfile  Gemfile  Gemfile.lock  docker-compose.yml
root@d11f3c18fb1e:/app#
```

BundlerにはGemfileで指定した依存関係が満たされているかをチェックする**bundle check**コマンドがあります。これを実行すると次のようなエラーメッセージが出力され、gemがインストールされていない状態になっていることがわかります。

コマンド2-3-6-13

```
root@d11f3c18fb1e:/app# bundle check
The following gems are missing
 * mustermann (1.0.3)
 * rack (2.0.6)
 * rack-protection (2.0.5)
 * tilt (2.0.9)
 * sinatra (2.0.5)
Install missing gems with `bundle install`
root@d11f3c18fb1e:/app#
```

この状態で**gem**をインストールし直してみましょう。エラーメッセージにある通り、**bundle install**を実行することで**Gemfile.lock**で指定されているものと同じバージョンのgemをインストールすることができます。

コマンド2-3-6-14

```
root@d11f3c18fb1e:/app# bundle install
Fetching gem metadata from https://rubygems.org/.........
Using bundler 1.17.3
Fetching mustermann 1.0.3
Installing mustermann 1.0.3
Fetching rack 2.0.6
Installing rack 2.0.6
Fetching rack-protection 2.0.5
Installing rack-protection 2.0.5
Fetching tilt 2.0.9
Installing tilt 2.0.9
Fetching sinatra 2.0.5
Installing sinatra 2.0.5
Bundle complete! 1 Gemfile dependency, 6 gems now installed.
Bundled gems are installed into `/usr/local/bundle`
root@d11f3c18fb1e:/app#
```

もう一度**bundle check**コマンドや**irb**コマンドを実行して、今度は必要なgemがインストールされていることを確認します。

コマンド2-3-6-15

```
root@d11f3c18fb1e:/app# bundle check
The Gemfile's dependencies are satisfied
root@d11f3c18fb1e:/app# irb -rsinatra
irb(main):001:0> Sinatra::VERSION
=> "2.0.5"
irb(main):002:0> exit
root@d11f3c18fb1e:/app# exit
exit
```

これでBundlerとGemfile、Gemfile.lockを使ってコンテナにgemをインストールできました。ですが、このままではコンテナを作成するたびに`bundle install`を実行する必要があります。新しく作成したコンテナでも必要なgemがインストールされた状態になるようにしましょう。

新しく作成したコンテナにも必要なgemが含まれるようにする

Dockerでgemを管理する方法はベストプラクティスも含めていくつかあり、それぞれにメリットとデメリットがあります。ここでは次の3種類のアプローチを紹介します。

- DockerfileのRUNを使って、必要なgemがインストールされたイメージをビルドする
- ENTRYPOINTなどを使ってコンテナの開始時にgemがインストールされるようにする
- ボリュームを使って他のコンテナでインストールしたgemを共有する

これらのアプローチは独立して使うことができ、ニーズに応じて組み合わせて利用することもできます。

必要なgemがインストールされたイメージをビルドする

まずは、イメージのビルド時に`bundle install`を実行するようにする方法について説明します。Dockerのイメージはコンテナでプログラムを動かすために必要なファイルが含まれたものです。ビルド後のイメージにgemが含まれているのが最もシンプルかつ望ましい形になるでしょう。

まず、DockerfileにCOPY命令を追加して**Gemfile**と**Gemfile.lock**ファイルがコピーされるようにします。続けてRUN命令で`bundle install`が実行されるようにします。

データ2-3-6-1：Dockerfile

```
# Docker公式のRubyイメージを使う
FROM ruby:2.6.1-stretch

#アプリケーションを配置するディレクトリ
WORKDIR /app

# Bundlerでgemをインストールする
COPY Gemfile Gemfile.lock ./
RUN bundle install
```

イメージをビルドし直すために、`docker-compose build`を実行します。

コマンド2-3-6-16

```
$ docker-compose build
Building app
Step 1/4 : FROM ruby:2.6.1-stretch
 ---> 99ef552a6db8
Step 2/4 : WORKDIR /app
 ---> Using cache
 ---> d1a31e5e1c7f
Step 3/4 : COPY Gemfile Gemfile.lock ./
 ---> ecce79bbdfe7
Step 4/4 : RUN bundle install
 ---> Running in d30376f20060
Fetching gem metadata from https://rubygems.org/.........
Using bundler 1.17.3
Fetching mustermann 1.0.3
Installing mustermann 1.0.3
Fetching rack 2.0.6
Installing rack 2.0.6
Fetching rack-protection 2.0.5
Installing rack-protection 2.0.5
Fetching tilt 2.0.9
Installing tilt 2.0.9
Fetching sinatra 2.0.5
Installing sinatra 2.0.5
Bundle complete! 1 Gemfile dependency, 6 gems now installed.
Bundled gems are installed into `/usr/local/bundle`
Removing intermediate container d30376f20060
 ---> ad279b9dcf1c
```

```
Successfully built ad279b9dcf1c
Successfully tagged sinatra-sample_app:latest
```

COPY命令ではコピー元としてGemfileとGemfile.lockファイルの2つのみを指定していることに注意してください。ここで**COPY . ./**のようにカレントディレクトリを指定しても**bundle install**は問題なく実行できますが、キャッシュを効かせるためには好ましくありません。不要なファイルも含めてコピーしてしまうと、Bundlerに関係のないファイル（今後追加するアプリケーションのファイルなど）を変更するだけでキャッシュが無効になってしまいます。そうすると本来は不要な**bundle install**の処理が都度走るようになってしまいます。

ビルドし直したイメージで立ち上がったコンテナにはgemがインストール済みの状態になっているはずです。新しいコンテナで**bundle check**を実行し、必要なgemがインストールされていることを確認します。

コマンド2-3-6-17

```
$ docker-compose run --rm app bundle check
The Gemfile's dependencies are satisfied
```

この手順で作成したイメージは、コンテナの構造としては理想的な状態でベストな方法です。ここで確認したようにイメージには必要なgemのファイルがすべて含まれているので、そのまま動かすことができるためです。

ですが、このイメージを用いてアプリケーションを開発しようとすると問題が発生します。例えば新しくgemを追加したりアップグレードするたびにイメージの再ビルドが必要になります。特に複数のブランチを切り替えながら開発をしている場合、各々のブランチでgemの依存関係が異なることもありうるために手順が煩雑になります。

この問題を解決するための手法が次のアプローチです。

コンテナの開始時にgemがインストールされるようにする

開発環境ではgemの依存関係が異なりうるため、コンテナの立ち上げ時にgemがインストールされるようにするのが望ましいこともあります。前述の手順ではコンテナで立ち上げたシェルから**bundle install**を実行していましたが、これを自動的に実行されるようにしてみましょう。

Dockerではコンテナを立ち上げる際に実行する処理（エントリーポイント）を指定することができます。このエントリーポイントで**bundle install**を実行するようにしてみましょう。エントリーポイントはDockerfileの**ENTRYPOINT**命令でイメージのデフォルト値として設定できるほか、**docker-compose run**コマンドの**--entrypoint**オプションで設定（上書き）することができます。

まずはコンテナの動作を**--entrypoint**オプションを指定して確かめてみます。「**--entrypoint 'bash -c "bundle install ; exec $@" -'**」オプションを追加して**docker-compose run**コマンドを実行します。シェルのコマンドでは文字列を'と"で囲むかで扱いが微妙に異なる（例えば"で囲った場合は$で始まる変数の内容が展開される）ので注意してください。

コマンド2-3-6-18

```
$ docker-compose run --rm --entrypoint 'bash -c "bundle install ; exec $@" -' app bash
Fetching gem metadata from https://rubygems.org/.........
Using bundler 1.17.3
Fetching mustermann 1.0.3
Installing mustermann 1.0.3
Fetching rack 2.0.6
Installing rack 2.0.6
Fetching rack-protection 2.0.5
Installing rack-protection 2.0.5
Fetching tilt 2.0.9
Installing tilt 2.0.9
Fetching sinatra 2.0.5
Installing sinatra 2.0.5
Bundle complete! 1 Gemfile dependency, 6 gems now installed.
Bundled gems are installed into `/usr/local/bundle`
root@c5c61dde3e60:/app#
```

期待通り**bundle install**が実行されてからシェルが実行されました。

ここではコマンドが正常終了しているのでエラー時の動作がわかりませんが、**bundle install**がエラーになっても続けてシェルが実行されるようになっています。**bundle install**がエラーになった場合にコンテナの立ち上げに失敗するようにもできます。その場合は「**bundle install && exec $@**」のように「&&」でコマンドをつなげてください。

続けて**bundle check**を実行して依存関係が満たされているかを確認してみます。

コマンド2-3-6-19
```
root@c5c61dde3e60:/app# bundle check
The Gemfile's dependencies are satisfied
root@c5c61dde3e60:/app# exit
exit
```

これでgemがインストールされた状態でコンテナを立ち上げることができました。とはいえ未インストールの状態から毎回gemのインストールが実行されているので、コンテナの立ち上げに時間がかかるだけでなく効率も悪くなってしまいます。イメージをビルドする際に**bundle install**を実行しておく前述のアプローチを併用することで、既にインストールされているgemはそのまま使われるようにすることができます。

コマンド2-3-6-20
```
$ docker-compose run --rm --entrypoint 'bash -c "bundle install; exec $@" -' app bash
Using bundler 1.17.3
Using mustermann 1.0.3
Using rack 2.0.6
Using rack-protection 2.0.5
Using tilt 2.0.9
Using sinatra 2.0.5
Bundle complete! 1 Gemfile dependency, 6 gems now installed.
Bundled gems are installed into `/usr/local/bundle`
root@1075e5856dfe:/app# exit
exit
```

ここまでの動作が確認できたら、オプションを設定しなくてもエントリーポイントが実行されるように設定しましょう。エントリーポイントの処理が複雑になる場合、内容を単体のスクリプトファイルに切り出したほうが保守しやすくなります。そこで、この処理をスクリプトファイルに切り出してイメージに含めるようにします。

ホスト環境のカレントディレクトリに、次の内容で**docker-entrypoint.sh**ファイルを作成します。ここでは**bundle check**と組み合わせて依存関係が満たされていない場合のみ**bundle install**が実行されるようにしました。

データ2-3-6-2：docker-entrypoint.sh

```bash
#!/bin/bash

set -eu

#必要であればBundlerでgemをインストールする
bundle check || bundle install

exec "$@"
```

Dockerfileに次の内容を追加します。

データ2-3-6-3：Dockerfile（追加）

```
COPY docker-entrypoint.sh /
RUN chmod +x /docker-entrypoint.sh
ENTRYPOINT ["/docker-entrypoint.sh"]
```

ここでは**ENTRYPOINT**命令の書き方に注意してください。**ENTRYPOINT /docker-entrypoint.sh**でもスクリプトファイルは実行されますが、その場合はシェル（**/bin/sh -c**）を経由して実行されるので引数（特に「**$0**」や「**$@**」など）の渡されかたが変わってしまいます。

追加した内容を元にイメージをビルドし直します。

コマンド2-3-6-21

```
$ docker-compose build
Building app
Step 1/7 : FROM ruby:2.6.1-stretch
 ---> 99ef552a6db8
Step 2/7 : WORKDIR /app
 ---> Using cache
 ---> d1a31e5e1c7f
Step 3/7 : COPY Gemfile Gemfile.lock ./
 ---> Using cache
```

```
 ---> ecce79bbdfe7
Step 4/7 : RUN bundle install
 ---> Using cache
 ---> ad279b9dcf1c
Step 5/7 : COPY docker-entrypoint.sh /
 ---> 8c3af80cc3e8
Step 6/7 : RUN chmod +x /docker-entrypoint.sh
 ---> Running in c64599cf09b4
Removing intermediate container c64599cf09b4
 ---> fcc3b2828db9
Step 7/7 : ENTRYPOINT ["/docker-entrypoint.sh"]
 ---> Running in 1855d42180c2
Removing intermediate container 1855d42180c2
 ---> 8f571030e4c4
Successfully built 8f571030e4c4
Successfully tagged sinatra-sample_app:latest
```

エントリーポイントの設定をイメージに含めてしまうと、設定を上書きしない限り**bundle install**が常に実行されるようになってしまいます。前述の**RUN bundle install**でイメージにgemを含めるようにした場合、この処理は冗長になってしまいます。あえて**ENTRYPOINT**命令では設定せず、次のように**docker-compose.yml**から設定できるようにしてもよいでしょう。

データ2-3-6-4：docker-compose.yml

```
##追加箇所と関係ない部分は省略

services:
  app:
    entrypoint: /docker-entrypoint.sh
```

改めてコンテナを立ち上げて動作を確認します。イメージに含まれているgemで依存関係が満たされているので、**bundle install**が実行されていないことがわかります。

コマンド2-3-6-22

```
$ docker-compose run --rm app bash
The Gemfile's dependencies are satisfied
root@000381d90518:/app#
```

ここで、新しくgemを追加した場合の動作を確認してみましょう。Sinatraには**sinatra-contrib**と呼ばれる拡張機能が提供されており、これを追加してみます。

コマンド 2-3-6-23

```
root@000381d90518:/app# bundle add sinatra-contrib --version '~> 2.0.5'
Fetching gem metadata from https://rubygems.org/..........
Resolving dependencies...
Fetching gem metadata from https://rubygems.org/.........
Fetching backports 3.12.0
Installing backports 3.12.0
Using bundler 1.17.3
Fetching multi_json 1.13.1
Installing multi_json 1.13.1
Using mustermann 1.0.3
Using rack 2.0.6
Using rack-protection 2.0.5
Using tilt 2.0.9
Using sinatra 2.0.5
Fetching sinatra-contrib 2.0.5
Installing sinatra-contrib 2.0.5
root@000381d90518:/app#
```

Installingとある行が3つ出力され、これらのgemが新しくインストールされたことがわかります。また、他のgemはUsingとなっており、インストール済みの（イメージに含まれている）gemが使われていることもわかります。

いったんコンテナを停止します。前の手順でホスト環境のディレクトリをマウントしているので、GemfileとGemfile.lockには追加後の依存関係が含まれています。

コマンド 2-3-6-24

```
root@000381d90518:/app# exit
exit
$ cat Gemfile
# frozen_string_literal: true

source "https://rubygems.org"

git_source(:github) {|repo_name| "https://github.com/#{repo_name}" }
```

```
# gem "rails"

gem "sinatra", "~> 2.0.5"

gem "sinatra-contrib", "~> 2.0.5"
```

この状態で、もう一度別のコンテナを立ち上げ直してみます。

コマンド2-3-6-25

```
$ docker-compose run --rm app bash
The following gems are missing
 * backports (3.12.0)
 * multi_json (1.13.1)
 * sinatra-contrib (2.0.5)
Install missing gems with `bundle install`
Fetching gem metadata from https://rubygems.org/.........
Fetching backports 3.12.0
Installing backports 3.12.0
Using bundler 1.17.3
Fetching multi_json 1.13.1
Installing multi_json 1.13.1
Using mustermann 1.0.3
Using rack 2.0.6
Using rack-protection 2.0.5
Using tilt 2.0.9
Using sinatra 2.0.5
Fetching sinatra-contrib 2.0.5
Installing sinatra-contrib 2.0.5
Bundle complete! 2 Gemfile dependencies, 9 gems now installed.
Bundled gems are installed into `/usr/local/bundle`
root@6965a18ccf85:/app# exit
exit
```

この場合はイメージに含まれていないgemが依存関係に含まれているので、`bundle install`を実行して不足しているgemがインストールされていることがわかります。

ボリュームを使って他のコンテナでインストールしたgemを共有する

Bundleでインストールされるファイルの置き場所をボリュームにすることで、コンテナを作り直してもインストールされたgemがそのまま保たれるようにもできます。先の手順でBundlerの設定を確認したとおり、`bundle install`でインストールされるファイルは**/usr/local/bundle**に保存されるようになっています。

コマンド2-3-6-26

```
$ docker-compose run --rm app bash -c 'env | grep -E "BUNDLE"'
BUNDLE_PATH=/usr/local/bundle
BUNDLE_APP_CONFIG=/usr/local/bundle
BUNDLE_SILENCE_ROOT_WARNING=1
```

このディレクトリにボリュームをマウントすることで、コンテナのライフサイクルに関係なくgemを共有することができます。ボリュームをマウントする方法は何通りかあります。

一つ目の方法として、名前付きのボリュームを使う方法を紹介します。名前付きのボリュームを使うためには、**docker-compose.yml**ファイルを次のように設定します。ここではapp-bundleという名前のボリュームを用意し、これをマウントするように設定しています。

データ2-3-6-5：docker-compose.yml

```yaml
version: "3"

services:
  # Sinatraのサンプルアプリケーション
  app:
    build: .

    volumes:
      - .:/app
      - app-bundle:/usr/local/bundle

volumes:
  # Bundlerでインストールされるgemを格納するボリューム
  app-bundle:
```

それでは動作を確認してみましょう。ボリュームの設定を追加した状態で**docker-compose run**を実行してみます。ここでは先の手順で**bundle add sinatra-contrib --version '~> 2.0.5'**した状態のディレクトリで作業しています。

コマンド2-3-6-27

```
$ docker-compose run --rm app bash
Creating volume "sinatra-sample_app-bundle" with default driver
The following gems are missing
 * backports (3.12.0)
 * multi_json (1.13.1)
 * sinatra-contrib (2.0.5)
Install missing gems with `bundle install`
Fetching gem metadata from https://rubygems.org/.........
Fetching backports 3.12.0
Installing backports 3.12.0
Using bundler 1.17.3
Fetching multi_json 1.13.1
Installing multi_json 1.13.1
Using mustermann 1.0.3
Using rack 2.0.6
Using rack-protection 2.0.5
Using tilt 2.0.9
Using sinatra 2.0.5
Fetching sinatra-contrib 2.0.5
Installing sinatra-contrib 2.0.5
Bundle complete! 2 Gemfile dependencies, 9 gems now installed.
Bundled gems are installed into `/usr/local/bundle`
root@5c1e4c62c1e1:/app# exit
```

コンテナが立ち上がり、先の手順で追加したエントリーポイントの処理によって不足しているgemがインストールされました。最初の出力に「**Creating volume "sinatra-sample_app-bundle" with default driver**」とある通り、この時点で新しいボリュームが作成されていることがわかります。

マウントするボリューム名は「**{{プロジェクト名}}_app-bundle**」という名前になります。作成された名前付きのボリュームは、明示的に削除しない限り常に同じものが使われます。ボリュームを削除するためには**docker-compose down -v**として-vオプションを指定して削除するか（オプションを指定しない場合はボリュームは削除されずに残ります）、**docker volume rm**でボリューム名を指定して削除する必要があります。

ボリュームが作成される場合はイメージに含まれているファイルが初期データとしてコピーされます。すなわち、イメージにあるマウント先のディレクトリからボリューム内部のディレクトリにファイルをコピーするようになっています。そのため、先に紹介したイメージのビルド時に**bundle install**を実行しておくことでインストール済みの状態からコンテナを立ち上げることもできます。加えてエントリーポイントでも**bundle install**を実行しているので、不足しているgemが都度インストールされるようにもなっています。

ここでいったんコンテナを停止し、別のコンテナを立ち上げ直してみます。

コマンド2-3-6-28

```
root@5c1e4c62c1e1:/app# exit
exit
$ docker-compose run --rm app bash
The Gemfile's dependencies are satisfied
root@97ae608a8cb4:/app#
```

2回めの実行では、先にインストールしたgemがそのまま残っていることがわかります。インストールの時間がかからないので、コンテナの立ち上げも高速になりました。

続けてgemを削除した場合の動作も確認してみましょう。**bundle remove sinatra-contrib**で依存関係を削除してから、コンテナを立ち上げ直してみます。

コマンド2-3-6-29

```
root@97ae608a8cb4:/app# bundle remove sinatra-contrib
Removing gems from /app/Gemfile
sinatra-contrib (~> 2.0) was removed.
root@97ae608a8cb4:/app# exit
exit
$ docker-compose run --rm app bash
The Gemfile's dependencies are satisfied
root@eadf7f495d7f:/app#
```

出力を確認したところではgemが削除されているように見えます。しかしながら、gemを管理している**gem**コマンドで調べてみるとgemは残っていて削除まではされていないことがわかります。

コマンド2-3-6-30

```
root@eadf7f495d7f:/app# gem list sinatra-contrib

*** LOCAL GEMS ***

sinatra-contrib (2.0.5)
root@eadf7f495d7f:/app# exit
exit
```

もう一度依存関係が追加されて**bundle install**を実行する場合、この**gem**が再利用されることになります。

このように、名前付きのボリュームを使う方法は**gem**が再インストールされる手間を減らせるメリットがあります。後述する匿名ボリュームとは異なり、すべてのコンテナで同じボリュームのファイルが使われるようになるためです。その反面、ボリュームを明示的に削除しない限りボリューム内部のファイルが使われ続けるのがデメリットです。依存関係から外した**gem**も残ってしまうため、空の状態から**bundle install**を実行した場合と同じ状態を保ちづらいデメリットがあります。

二つ目の方法として、ホスト環境のディレクトリを**Bundle**のディレクトリにマウントしてしまう方法があります。次のように**docker-compose.yml**ファイルに設定を加えることで、/appディレクトリと同様にホスト環境のディレクトリがマウントされるようになります。

データ2-3-6-6：docker-compose.yml

```
## 追加箇所と関係ない部分は省略

services:
  app:
    volumes:
      - ./vendor/docker/bundle:/usr/local/bundle
```

この例ではカレントディレクトリの下にある**vendor/docker/bundle**ディレクトリをマウントするようにしています。**Bundler**ではインストール先を**vendor/bundle**ディレクトリにするのが慣習となっていますが、Dockerの環境はホスト環境と別の環境である（例えばDocker Desktop for MacではMacとLinuxでバイナリファイルのフォーマットが異なる）ため、ホスト環境で用いられる**vendor/bundle**とは別のディレクトリをマウントするようにしています。

ホスト環境のディレクトリをマウントする方法は、インストールされたgemのファイルがホスト環境でも確認しやすいメリットがあります。しかしながら、ファイルの所有者やアクセス権の管理が煩雑になるデメリットがあります。Docker Desktop for MacやDocker Desktop for Windowsといった仮想マシンをベースにしているDocker環境では、ファイルアクセスのパフォーマンスが低下するデメリットもあります。

2-3-7 Webサーバーを実行してみる

ここまでの手順でSinatraが使えるコンテナ環境を用意することができました。続いてSinatraのアプリケーションコードを記述してWebサーバーを動かしてみましょう。

アプリケーション本体のソースコードを用意する

ホスト環境のカレントディレクトリに、次の内容のapp.rbファイルを作成します。

データ2-3-7-1：app.rb

```
require "sinatra"

get "/" do
  "Hello world!\n"
end
```

先の**docker-compose.yml**で**/app**ディレクトリをホスト環境のディレクトリにマウントしているので、ホスト環境から**app.rb**ファイルを作成することで、そのままコンテナの**/app**ディレクトリからアクセスできるようになります。

ファイルを作成したらコンテナ環境を立ち上げます。まずは**cat**コマンドを使って、ホスト環境で作成したファイルが見えていることを確認します。

コマンド 2-3-7-1

```
$ docker-compose run --rm app bash
root@51929df394cd:/app# cat app.rb
require "sinatra"

get "/" do
  "Hello world!\n"
end
root@51929df394cd:/app#
```

続けてサーバーを動かして動作を確認してみましょう。Sinatraの**classic style**では、作成したRubyファイルを**ruby**コマンドから直接実行することでWebサーバーが立ち上がるようになっています。

コマンド 2-3-7-2

```
root@51929df394cd:/app# ruby app.rb
[2019-03-16 01:37:40] INFO  WEBrick 1.4.2
[2019-03-16 01:37:40] INFO  ruby 2.6.1 (2019-01-30) [x86_64-linux]
== Sinatra (v2.0.5) has taken the stage on 4567 for development with backup from WEBrick
[2019-03-16 01:37:40] INFO  WEBrick::HTTPServer#start: pid=10 port=4567
```

Webサーバーが立ち上がって標準出力にログが出力されました。ここではサーバーをフォアグラウンドで実行しているため、シェルのプロンプトには戻らずに接続を待ち受けるようになっています。Webサーバーが立ち上がることが確認できたら、いったん終了させてコンテナも停止させておきます。フォアグラウンドで実行しているWebサーバーを終了するためには**CTRL-C**をタイプします。

コマンド 2-3-7-3

```
^C== Sinatra has ended his set (crowd applauds)
[2019-03-16 01:37:47] INFO going to shutdown ...
[2019-03-16 01:37:47] INFO WEBrick::HTTPServer#start done.
root@59449f89fe5f:/app# exit
exit
```

サービスとして動くようにする

Webサーバーが立ち上がることが確認できたら、これがDocker Composeのサービスとして動くように設定しましょう。次のように**docker-compose.yml**へ**command**設定を加えます。

データ2-3-7-2:docker-compose.yml

```yaml
version: "3"
services:
  # Sinatraのサンプルアプリケーション
  app:
    build: .

    command: ruby app.rb

    volumes:
      - .:/app
      - app-bundle:/usr/local/bundle

volumes:
  # Bundlerでインストールされるgemを格納するボリューム
  app-bundle:
```

設定したサービスを立ち上げてみます。これまでは**docker-compose run**を使っていましたが、サービスとして立ち上げるためには**docker-compose up**を使います。

コマンド2-3-7-4

```
$ docker-compose up
Creating sinatra-sample_app_1 ... done
Attaching to sinatra-sample_app_1
app_1  | The Gemfile's dependencies are satisfied
app_1  | [2019-03-16 01:53:41] INFO  WEBrick 1.4.2
app_1  | [2019-03-16 01:53:41] INFO  ruby 2.6.1 (2019-01-30) [x86_64-linux]
app_1  | == Sinatra (v2.0.5) has taken the stage on 4567 for development with backup from WEBrick
app_1  | [2019-03-16 01:53:41] INFO  WEBrick::HTTPServer#start: pid=1 port=4567
```

サービス用のコンテナ**sinatra-sample_app_1**が作成され、**command**で設定したアプリケーションが実行されました。また、立ち上げたコンテナにアタッチされ、標準出力と標準エラー出力が表示されています。

この状態でWebサーバーにアクセスできるか確認してみましょう。まずはサービスが動いているコンテナの内部でアクセスしてみます。サービスが動いているコンテナで新しくプログラム（ここではシェル）を実行するためには`docker-compose exec`を使います。別のターミナルから次のコマンドを実行します。

コマンド2-3-7-5

```
$ docker-compose exec app bash
root@61fc687177ff:/app#
```

コンテナの内部でシェルが実行されました。ここで**ps**コマンドを実行してみると、サービスで動いている**ruby**プロセスが**PID 1**で動作していることが確認できます。

コマンド2-3-7-6

```
root@61fc687177ff:/app# ps auxwf
USER       PID %CPU %MEM    VSZ   RSS TTY      STAT START   TIME COMMAND
root         7  0.0  0.1  18188  3256 pts/0    Ss   04:59   0:00 bash
root         8  0.0  0.1  36632  2848 pts/0    R+   05:00   0:00  \_ ps auxwf
root         1  0.1  1.1 124232 24016 ?        Ss   04:58   0:00 ruby app.rb
root@61fc687177ff:/app#
```

このシェルからWebサーバーに**curl**でアクセスしてみましょう。Webサーバーの出力にport=4567とあるので、アクセス先はlocalhost:4567になります。**curl localhost:4567**のように、アクセス先URLのスキームを省略するとHTTPでアクセスするようになっています。

コマンド2-3-7-7

```
root@61fc687177ff:/app# curl -v localhost:4567
* Rebuilt URL to: localhost:4567/
*   Trying 127.0.0.1...
* TCP_NODELAY set
* Connected to localhost (127.0.0.1) port 4567 (#0)
> GET / HTTP/1.1
> Host: localhost:4567
> User-Agent: curl/7.52.1
> Accept: */*
>
< HTTP/1.1 200 OK
```

```
< Content-Type: text/html;charset=utf-8
< Content-Length: 13
< X-Xss-Protection: 1; mode=block
< X-Content-Type-Options: nosniff
< X-Frame-Options: SAMEORIGIN
< Server: WEBrick/1.4.2 (Ruby/2.6.1/2019-01-30)
< Date: Sat, 16 Mar 2019 02:04:07 GMT
< Connection: Keep-Alive
< 
Hello world!
* Curl_http_done: called premature == 0
* Connection #0 to host localhost left intact
root@61fc687177ff:/app#
```

サーバーから正しくレスポンスが返ってきていることが確認できました。また、`docker-compose up` しているターミナルでは、次のようにアクセスログが出力されていることも確認できます。

コマンド2-3-7-8

```
app_1  | 127.0.0.1 - - [16/Mar/2019:02:04:07 +0000] "GET / HTTP/1.1" 200 13 0.0006
app_1  | 127.0.0.1 - - [16/Mar/2019:02:04:07 UTC] "GET / HTTP/1.1" 200 13
app_1  | - -> /
```

他のコンテナやホスト環境からアクセスできるようにする

続けて他のコンテナからもアクセスできるかテストしてみましょう。コンテナの内部から `ip address show`（もしくは短縮形の `ip a`）を実行することで、コンテナに割り当てられたアドレスを知ることができます。

コマンド2-3-7-9

```
root@61fc687177ff:/app# ip address show
1: lo: <LOOPBACK,UP,LOWER_UP> mtu 65536 qdisc noqueue state UNKNOWN group default qlen 1
    link/loopback 00:00:00:00:00:00 brd 00:00:00:00:00:00
    inet 127.0.0.1/8 scope host lo
       valid_lft forever preferred_lft forever
2: tunl0@NONE: <NOARP> mtu 1480 qdisc noop state DOWN group default qlen 1
    link/ipip 0.0.0.0 brd 0.0.0.0
3: ip6tnl0@NONE: <NOARP> mtu 1452 qdisc noop state DOWN group default qlen 1
    link/tunnel6 :: brd ::
```

```
137: eth0@if138: <BROADCAST,MULTICAST,UP,LOWER_UP> mtu 1500 qdisc noqueue state UP group default
    link/ether 02:42:ac:1a:00:02 brd ff:ff:ff:ff:ff:ff link-netnsid 0
    inet 172.26.0.2/16 brd 172.26.255.255 scope global eth0
       valid_lft forever preferred_lft forever
root@61fc687177ff:/app#
```

もしくは、ホスト環境から`docker-compose ps`でコンテナ名を確認し、`docker inspect`でアドレスを調べることができます。

コマンド 2-3-7-10

```
$ docker-compose ps
        Name                    Command              State   Ports
-------------------------------------------------------------------
sinatra-sample_app_1   /docker-entrypoint.sh ruby ...   Up
$ docker inspect --format='{{range .NetworkSettings.Networks}}{{.IPAddress}}{{end}}' sinatra-sample_app_1
172.26.0.2
```

このWebサーバーのコンテナに割り当てられたアドレスは172.26.0.2であることがわかりました。次に`docker-compose run`を実行して、新しいコンテナでシェルを立ち上げます。

コマンド 2-3-7-11

```
$ docker-compose run --rm app bash
The Gemfile's dependencies are satisfied
root@73a58507d9ed:/app#
```

この環境から`ps`コマンドや`ip`コマンドを実行すると、Webサーバーの**ruby**プロセスが見えておらず、アドレスも同じサブネットから別のアドレス（この場合は172.26.0.3）が割り当てられていることがわかります。

コマンド 2-3-7-12

```
root@73a58507d9ed:/app# ps auxwf
USER       PID %CPU %MEM    VSZ   RSS TTY      STAT START   TIME COMMAND
root         1  0.6  0.1  18188  3168 pts/0    Ss   05:23   0:00 bash
```

```
root             8  0.0  0.1  36632  2796 pts/0    R+   05:23   0:00 ps auxwf
root@73a58507d9ed:/app# ip address show
1: lo: <LOOPBACK,UP,LOWER_UP> mtu 65536 qdisc noqueue state UNKNOWN group default qlen 1
    link/loopback 00:00:00:00:00:00 brd 00:00:00:00:00:00
    inet 127.0.0.1/8 scope host lo
       valid_lft forever preferred_lft forever
2: tunl0@NONE: <NOARP> mtu 1480 qdisc noop state DOWN group default qlen 1
    link/ipip 0.0.0.0 brd 0.0.0.0
3: ip6tnl0@NONE: <NOARP> mtu 1452 qdisc noop state DOWN group default qlen 1
    link/tunnel6 :: brd ::
141: eth0@if142: <BROADCAST,MULTICAST,UP,LOWER_UP> mtu 1500 qdisc noqueue state UP group default
    link/ether 02:42:ac:1a:00:03 brd ff:ff:ff:ff:ff:ff link-netnsid 0
    inet 172.26.0.3/16 brd 172.26.255.255 scope global eth0
       valid_lft forever preferred_lft forever
root@73a58507d9ed:/app#
```

それでは前の手順と同様に**curl**でアクセスしてみます。IPアドレスを直接指定しても良いのですが、Docker Composeでは同じプロジェクトのコンテナからはサービス名からIPアドレスを名前解決できるようになっています。そのため、アクセス先は**app：4567**になります。

コマンド2-3-7-13

```
root@73a58507d9ed:/app# curl -v app:4567
* Rebuilt URL to: app:4567/
*   Trying 172.26.0.2...
* TCP_NODELAY set
* connect to 172.26.0.2 port 4567 failed: Connection refused
* Failed to connect to app port 4567: Connection refused
* Closing connection 0
curl: (7) Failed to connect to app port 4567: Connection refused
root@73a58507d9ed:/app#
```

別のコンテナからはアクセスできずにエラーになってしまいました。ログの出力から、ホスト名からIPアドレスは解決できているものの、そのアドレスに接続ができていないことがわかります。このようにコンテナ内部からはアクセスできるのに別のコンテナからはアクセスができない場合、サーバーの設定に問題がある可能性が疑われます。

Webサーバーが動作しているサービスのコンテナの内部から、**ss**コマンドを実行してソケットの状態を調査してみます。ソケットは別のプロセスやホストと接続するために用いられるリソースです。接続を待ち受けているソケットの情報を表示するためには**-l**オプションを指定します。

また、**-t**オプションを指定してTCP接続のみ表示されるようにし、**-p**オプションを指定してソケットに割り当てられているプロセスを表示するようにしています。

コマンド2-3-7-14

```
root@61fc687177ff:/app# ss -ltp
State      Recv-Q Send-Q           Local Address:Port                                Peer Address:Port
LISTEN     0      128              127.0.0.1:4567                                   *:*            users:(("ruby",pid=1,fd=5))
LISTEN     0      128              127.0.0.11:35069                                 *:*
root@61fc687177ff:/app#
```

出力が2つ表示されました。最初の行の127.0.0.1:4567で待ち受けている接続がWebサーバーのプロセスで、待ち受けているアドレスがループバックアドレスである127.0.0.1になっていることがわかります。2行目の127.0.0.11で待ち受けている接続はDockerが内部的に利用しているものです。Sinatraも含めた多くのサーバーは、デフォルトではループバックアドレス（127.0.0.1, localhost）からのみ接続できるように設定されていることが多いです。特別な設定をしない限りDockerのコンテナは別のアドレスやネットワークが割り当てられています。そのため、ループバックアドレスで待ち受けている場合はコンテナの外は別の外部アドレスやネットワークとみなされて接続ができないようになっています。

コンテナのサービスへ外部から接続できるようにするための設定方法はいくつかあります。一つは待ち受けるアドレスにコンテナのネットワークアドレス（例えば172.26.0.2/16の場合は172.26.0.0）を指定する方法です。この場合は同じネットワーク（この場合はDocker Composeのプロジェクト内のコンテナ）からのみ接続できるようになります。もう一つはワイルドカードアドレスである0.0.0.0を指定して、全てのアドレスから接続を受け付けるように設定する方法です。ここではあとで外からのアクセスも確認できるよう、ワイルドカードアドレスを使うことにします。

待ち受けるアドレスを指定する方法はアプリケーションによって異なります。Sinatraの組み込みサーバーではrubyファイルのあとに**-o 0.0.0.0**とオプションを指定することで、すべてのアドレスから接続を受け付けるように設定できます。そこで**docker-compose.yml**の**command**設定を次のように書き換えます。

データ2-3-7-3：docker-compose.yml（修正）

```
## 書き換え箇所と関係ない部分は省略

services:
  app:
    command: ruby app.rb -o 0.0.0.0
```

変更した設定を反映させるため、いったんサービスを停止してコンテナを再作成します。前の手順で**docker-compose up**でサービスを動かしていた場合は**CTRL-C**をタイプすることでサービスを停止することができます。

コマンド2-3-7-15

```
^CGracefully stopping... (press Ctrl+C again to force)
Stopping sinatra-sample_app_1 ... done
```

設定を書き換えてから**docker-compose up**を実行すると、変更した設定に従ってコンテナが再作成されます。

コマンド2-3-7-16

```
$ docker-compose up
Recreating sinatra-sample_app_1 ... done
Attaching to sinatra-sample_app_1
app_1  | The Gemfile's dependencies are satisfied
app_1  | [2019-03-16 02:13:06] INFO  WEBrick 1.4.2
app_1  | [2019-03-16 02:13:06] INFO  ruby 2.6.1 (2019-01-30) [x86_64-linux]
app_1  | == Sinatra (v2.0.5) has taken the stage on 4567 for development with backup from WEBrick
app_1  | [2019-03-16 02:13:06] INFO  WEBrick::HTTPServer#start: pid=1 port=4567
```

サービスのコンテナ内部で**ss**コマンドを実行して、今度は待ち受けているアドレスが***:4567**と**ワイルドカードアドレス**になっていることを確認します。

コマンド 2-3-7-17

```
$ docker-compose exec app ss -ltp
State      Recv-Q Send-Q Local Address:Port           Peer Address:Port
LISTEN     0      128          *:4567                       *:*
users:(("ruby",pid=1,fd=5))
LISTEN     0      128    127.0.0.11:45453                   *:*
```

この状態で別のコンテナの外部からアクセスして、正しく接続できることを確認します。

コマンド 2-3-7-18

```
$ docker-compose run --rm app curl -v app:4567
The Gemfile's dependencies are satisfied
* Rebuilt URL to: app:4567/
*   Trying 172.26.0.2...
* TCP_NODELAY set
* Connected to app (172.26.0.2) port 4567 (#0)
> GET / HTTP/1.1
> Host: app:4567
> User-Agent: curl/7.52.1
> Accept: */*
>
< HTTP/1.1 200 OK
< Content-Type: text/html;charset=utf-8
< Content-Length: 13
< X-Xss-Protection: 1; mode=block
< X-Content-Type-Options: nosniff
< X-Frame-Options: SAMEORIGIN
< Server: WEBrick/1.4.2 (Ruby/2.6.1/2019-01-30)
< Date: Sat, 16 Mar 2019 02:14:07 GMT
< Connection: Keep-Alive
<
Hello world!
* Curl_http_done: called premature == 0
* Connection #0 to host app left intact
```

ホスト環境のファイルの所有者を修正する

これでSinatraのアプリケーションを動かすための環境一式を作ることができました。
Linuxの環境の場合、ここでホスト環境のファイルを確認してみてください。コンテナの内部で作成したファイルの所有者がrootになっていることが確認できます。そのままではホスト環境から編集しにくいことがあるため、所有者をカレントユーザーに修正することが望ましいです。所有者をカレントユーザーに修正する方法で、一番手っ取り早いものは**chown**コマンドを使う方法です。
コンテナ環境でファイルが作成修正された場合、必要があれば都度次のコマンドで所有者を修正してください。

コマンド2-3-7-19

```
$ sudo chown -R "$(id -u):$(id -g)" .
```

サービスの設定をまとめる

最後のまとめとして、アプリケーションが含まれたイメージをビルドするようにして、外部にサービスを提供できるような設定にまとめましょう。
Dockerfileは次のようになります。エントリーポイントの設定のあとにアプリケーションのファイルをコピーして、サーバーを実行するためのコマンドを設定しています。

データ2-3-7-4：Dockerfile

```
# Docker公式のRubyイメージを使う
FROM ruby:2.6.1-stretch

# アプリケーションを配置するディレクトリ
WORKDIR /app

# Bundlerでgemをインストールする
COPY Gemfile Gemfile.lock ./
RUN bundle install

# エントリーポイントを設定する
COPY docker-entrypoint.sh /
RUN chmod +x /docker-entrypoint.sh
ENTRYPOINT ["/docker-entrypoint.sh"]

# アプリケーションのファイルをコピーする
```

```
COPY . ./

# サーバーを実行するためのコマンドとポートを設定する
CMD ["ruby", "app.rb", "-o", "0.0.0.0"]
EXPOSE 4567
```

COPYコマンドでビルドコンテキストのファイルを全てコピーするようにしているので、不要なファイルが含まれないように次の内容で**.dockerignore**ファイルを作成しておきます。ここではプロジェクトをGitで管理することも考えて**.git**ディレクトリも除外するようにしました。

データ2-3-7-5：.dockerignore

```
.git
.env
docker-compose.*
Dockerfile
```

docker-entrypoint.shは次のようになります。

データ2-3-7-6：docker-entrypoint.sh

```
#!/bin/bash

set -eu

# 必要であればBundlerでgemをインストールする
bundle check || bundle install

exec "$@"
```

いくつかの設定をイメージに含めるようにしたので、対応する**docker-compose.yml**ファイルの設定は不要になります。最終的な内容は次のようになります。

データ2-3-7-7：docker-compose.yml

```
version: "3"

services:
  # Sinatraのサンプルアプリケーション
  app:
    build: .

    ports:
      - "10080:4567"

    volumes:
      - .:/app
      - app-bundle:/usr/local/bundle

volumes:
  # Bundlerでインストールされるgemを格納するボリューム
  app-bundle:
```

ここでは不要な設定を削除したほか、ホスト環境のポート10080からSinatraのサーバーに接続できるようにしました。

それでは**docker-compose up**でサービスを動かしてみましょう。イメージをビルドし直す必要があるので**--build**オプションを指定しています。また、サービスにアタッチしないように**-d**オプションも追加しました。

コマンド2-3-7-20

```
$ docker-compose up -d --build
Building app
Step 1/9 : FROM ruby:2.6.1-stretch
 ---> 99ef552a6db8
Step 2/9 : WORKDIR /app
 ---> Using cache
 ---> d1a31e5e1c7f
Step 3/9 : COPY Gemfile Gemfile.lock ./
 ---> Using cache
```

```
  ---> ecce79bbdfe7
Step 4/9 : RUN bundle install
  ---> Using cache
  ---> ad279b9dcf1c
Step 5/9 : COPY docker-entrypoint.sh /
  ---> Using cache
  ---> 8c3af80cc3e8
Step 6/9 : RUN chmod +x /docker-entrypoint.sh
  ---> Using cache
  ---> fcc3b2828db9
Step 7/9 : ENTRYPOINT ["/docker-entrypoint.sh"]
  ---> Using cache
  ---> 8f571030e4c4
Step 8/9 : COPY . ./
  ---> f46888e653cc
Step 9/9 : CMD ["ruby", "app.rb", "-o", "0.0.0.0"]
  ---> Running in 46b7ce1cc411
Removing intermediate container 46b7ce1cc411
  ---> 21eacb1c4c4a
Successfully built 21eacb1c4c4a
Successfully tagged sinatra-sample_app:latest
Recreating sinatra-sample_app_1 ... done
```

ビルドしたイメージでサービスのコンテナが再作成されました。`docker-compose ps`サービスの状態を確認してみます。

コマンド 2-3-7-21

```
$ docker-compose ps
        Name                       Command              State            Ports
--------------------------------------------------------------------------------
sinatra-sample_app_1    /docker-entrypoint.sh ruby ...   Up      0.0.0.0:10080->4567/tcp
$
```

ホスト環境のポート10080からコンテナ内のポート4567に接続されていることがわかります。最後の仕上げとして、ホスト環境からアクセスできることを確認しましょう。

コマンド 2-3-7-22

```
$ curl localhost:10080
Hello world!
```

サーバーの動作はブラウザからURLにアクセスしても確認できます。下図のようにレスポンスのテキストが確認できればOKです。

図2-3-7-1：ブラウザからsinatraのサーバーへアクセスした場合の表示

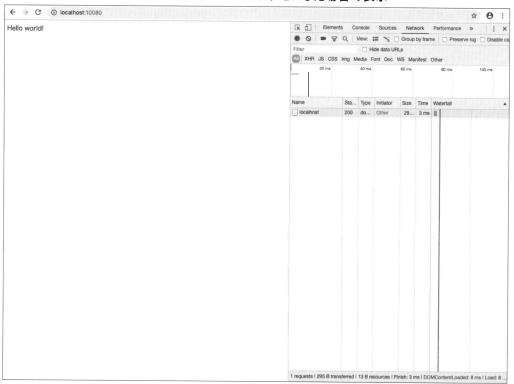

Chapter 3

開発作業に適した Docker環境を構築する

本章では、Chapter2よりももう少し複雑な構成の環境を構築する手順について解説します。対象はRuby on Rails（Rails）としました。Railsは単体でも動作するWebアプリケーションですが、開発するにあたっては、データベースサーバーだけでなく、Springサーバーなどの常駐プロセスを動かす必要も出てきます。フロントエンドの開発スタイルによっては、さらにWebpackやVue.jsといったNode.jsの環境も必要になってきます。

RubyとNode.jsの環境ではベースイメージが異なります。双方の言語を用意したイメージをビルドすることで、使い勝手の良い開発環境を作ることができます。

3-1 Ruby on Railsの実行環境を構築する

まず、**Ruby on Rails**を用いたWebアプリケーションの実行環境を構築します。
後述するように、RubyだけでなくNode.jsも同じ環境で使えるようにしているところが特徴です。

3-1-1 Ruby on Railsとは

Ruby on Railsは**Ruby**で作成されたオープンソースのWebアプリケーションフレームワークの一つです。略して**RoR**、もしくは単に**Rails**と呼ばれることもあります。以降Ruby on Railsは**Rails**と略称することにします。

　Ruby on RailsのWebサイト: https://rubyonrails.org/

図3-1-1-1：Ruby on RailsのWebサイト

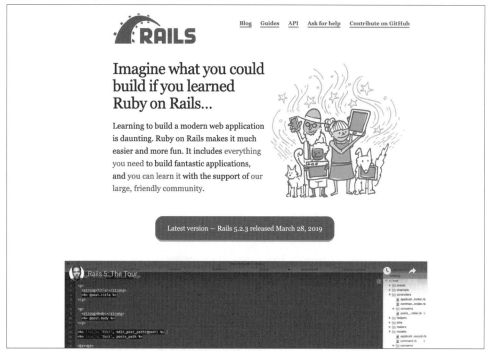

Railsは実際にアプリケーションを構築する際に少ないコード量で開発できるのが特徴で、最低限のWebアプリケーションを作成して動かす手順は次の4ステップです。

- Rubyがインストールされた環境に**rails gem**を追加する
- `rails new`でアプリケーションを作成する
- 必要な処理を実装する
- `rails server`でWebサーバーを実行する

Railsでは`rails new`を実行するだけでサンプルのWebアプリケーションが動作するようになっていますが、実際にはデータベースへのアクセスが必要なために追加の設定が必要だったり、運用環境ではセキュリティを確保するために追加の設定が必要です。ここではデータベースへアクセスする処理も含めたものを作成します。

以降の手順では、Chapter 2で解説したSinatraのサンプルと似た部分は簡潔に進めていきます。必要に応じてChapter2-3の解説を参照してください。

3-1-2 前準備

Sinatraのサンプルとは別に作業用のディレクトリを用意し、プロジェクト名を設定するために**.env**ファイルを作成しておきます。

コマンド3-1-2-1
```
$ mkdir rails-sample
$ cd rails-sample
$ echo 'COMPOSE_PROJECT_NAME=rails-sample' > .env
```

Railsでは環境によって環境変数の値を切り替えることができる**dotenv**というgemがあり、このgemも**.env**を読み込むようになっています。後述しますが、Docker Composeからは別の方法で環境変数を設定できるため、**dotenv**は使わない前提で進めていきます。

3-1-3 Docker Composeのプロジェクトを作る

Sinatraの例と同様に**Docker Compose**のプロジェクトに必要なファイルを作成していきます。次の内容で**docker-compose.yml**ファイルを作成します。

データ3-1-3-1：docker-compose.yml

```
version: "3.7"

services:
  # Railsのサンプルアプリケーション
  app:
    build: .

    #プロセスが正しく後始末されるようにする
    init: true

    ports:
      - "3000:3000"

    volumes:
      - .:/app
```

あらかじめRailsのサーバーが待ち受けるポート番号と指定しておきました。また、**init: true**の設定を追加してゾンビプロセスの処理が正しく行われるようにしました。デフォルトの開発環境では**rails**や**rake**コマンドを実行するとプリローダーのSpringがバックグラウンドで動作するほか、Webサーバーの場合でも複数ワーカーの構成では複数プロセスで動作することが一般的であるためです。**app**のコンテナでもinitの設定が使えるようにversionには"3.7"を指定しています。

ここでは状態の維持を簡潔にするために、Sinatraのサンプルとは異なりBundlerでインストールされるgemは（ボリュームなどを使わず）イメージにあるものだけを使うようにしています。

次の内容でDockerfileファイルを作成します。Rails関連のgemはインストールに時間がかかるため、ここでは**bundle install**に**-j4**オプションが指定されるようにして4並列でインストールが処理されるようにしています。

データ3-1-3-2：Dockerfile

```
# Docker公式のRubyイメージを使う
FROM ruby:2.6.1-stretch
```

```
#アプリケーションを配置するディレクトリ
WORKDIR /app

# Bundlerでgemをインストールする
ARG BUNDLE_INSTALL_ARGS="-j 4"
COPY Gemfile Gemfile.lock ./
RUN bundle install ${BUNDLE_INSTALL_ARGS}

#エントリーポイントを設定する
COPY docker-entrypoint.sh /
RUN chmod +x /docker-entrypoint.sh
ENTRYPOINT ["/docker-entrypoint.sh"]

#アプリケーションのファイルをコピーする
COPY . ./

#サービスを実行するコマンドとポートを設定する
CMD ["rails", "server", "-b", "0.0.0.0"]
EXPOSE 3000
```

次の内容で**.dockerignore**ファイルを作成します。

データ3-1-3-3：.dockerignore

```
.git
.env
docker-compose.*
Dockerfile
```

次の内容で**docker-entrypoint.sh**ファイルを作成します。Sinatraのサンプルとは異なり、Bundlerについては依存関係をチェックするだけにしました。

データ3-1-3-4：docker-entrypoint.sh

```
#!/bin/bash

set -eu

# Bundlerの依存関係をチェックしておく
bundle check || true
```

```
exec "$@"
```

次の内容で**Gemfile**を作成します。Railsのバージョンは執筆時点で最新の5.2.2.1系が使われるようにしました。

データ3-1-3-5：Gemfile
```
source "https://rubygems.org"

gem "rails", "= 5.2.2.1"
```

最後に、空の**Gemfile.lock**ファイルを作成しておきます。ここで作成した**Gemfile**と**Gemfile.lock**ファイルは一時的なもので、後の手順でRailsアプリケーションを作成した際に置き換わります。これでイメージをビルドするためのファイルが揃いました。いったん**docker-compose build**を実行してイメージをビルドできることを確認しておきます。

コマンド3-1-3-1
```
$ docker-compose build
Building app
Step 1/11 : FROM ruby:2.6.1-stretch
 ---> 99ef552a6db8
Step 2/11 : WORKDIR /app
 ---> Using cache
 ---> d1a31e5e1c7f
Step 3/11 : ARG BUNDLE_INSTALL_ARGS="-j 4"
 ---> Running in 704f6465e7d9
Removing intermediate container 704f6465e7d9
 ---> 78cc74db0670
Step 4/11 : COPY Gemfile Gemfile.lock ./
 ---> 9baf2fc00656
Step 5/11 : RUN bundle install ${BUNDLE_INSTALL_ARGS}
 ---> Running in 29d078f3542e
Fetching gem metadata from https://rubygems.org/............
Fetching gem metadata from https://rubygems.org/.
Resolving dependencies...
                        ...中略...
```

```
Fetching rails 5.2.2.1
Installing rails 5.2.2.1
Bundle complete! 1 Gemfile dependency, 41 gems now installed.
Bundled gems are installed into `/usr/local/bundle`

                            ...中略...

Removing intermediate container 29d078f3542e
 ---> 25e12f3c3a07
Step 6/11 : COPY docker-entrypoint.sh /
 ---> 5486461bdf61
Step 7/11 : RUN chmod +x /docker-entrypoint.sh
 ---> Running in 4ebedde3057e
Removing intermediate container 4ebedde3057e
 ---> 87f3bc3e5151
Step 8/11 : ENTRYPOINT ["/docker-entrypoint.sh"]
 ---> Running in f590284a04f0
Removing intermediate container f590284a04f0
 ---> af03da4dc0ae
Step 9/11 : COPY . ./
 ---> 95e631e48da9
Step 10/11 : CMD ["rails", "server", "-b", "0.0.0.0"]
 ---> Running in 27798296a318
Removing intermediate container 27798296a318
 ---> e56f9b43ef3a
Step 11/11 : EXPOSE 3000
 ---> Running in a1252c145529
Removing intermediate container a1252c145529
 ---> 10b4f966aeab
Successfully built 10b4f966aeab
Successfully tagged rails-sample_app:latest
```

最初の2つの命令は**Sinatra**アプリケーションの例と同じなので、キャッシュが使われていることがわかります。

ビルドしたイメージで**rails**コマンドが使えることを確認しておきます。

コマンド3-1-3-2

```
$ docker-compose run --rm app bash
The Gemfile's dependencies are satisfied
root@7c21d06918ec:/app# rails --version
Rails 5.2.2.1
root@7c21d06918ec:/app# exit
exit
```

Gemfileをbundleコマンドで用意する

先の手順ではGemfileとGemfile.lockのファイルを直接作成しましたが、Sinatraの例で説明したようにRubyのイメージから**bundle**コマンドを使って作成することもできます。まずは次のコマンドを実行してGemfileを作成します。

コマンド3-1-3-3

```
$ docker run --rm -v "$(pwd):/app" -w /app 'ruby:2.6.1-stretch' bundle init
Writing new Gemfile to /app/Gemfile
```

ここではホスト環境で実行しているシェルがbashであることを想定しています。「**-v "$(pwd):/app"**」のようにオプションを指定することで、ホスト環境のカレントディレクトリをコンテナ内の/appディレクトリにマウントするようにしています。ホスト環境のカレントディレクトリを取得するために**pwd**コマンドを実行し、その出力を「**$()**」を使って展開するようにしています。また、「**-w /app**」のようにオプションを指定することで、コンテナ内部では**/app**ディレクトリをカレントディレクトリにしてコマンドが実行されるようにしています。また、**Docker Compose**プロジェクトで指定したサービスのイメージはビルドされていない（まだできない）ので、ここではベースイメージを直接指定しています。

続けて次のコマンドでRailsフレームワークのrails gemを依存関係に追加します。ここではgemのインストールまでは必要ないので**--skip-install**を指定しています。

コマンド3-1-3-4

```
$ docker run --rm -v "$(pwd):/app" -w /app 'ruby:2.6.1-stretch' bundle add rails --version '=
5.2.2.1' --skip-install
```

```
Fetching gem metadata from https://rubygems.org/.............
Fetching gem metadata from https://rubygems.org/.
Resolving dependencies...
```

3-1-4 Node.js環境を追加する

前述の手順で作成したイメージではrailsコマンドが使えるようになっています。この状態で開発を進めることもできますが、Railsでは**webpacker gem**などJavaScriptを使った機能も含まれていることに留意する必要があります。

デフォルトの設定ではJavaScriptの処理系が使えるようになっているかチェックするようになっていて、後の手順で`rails console`などを実行すると次のメッセージが表示されてエラーになってしまいます。

コマンド3-1-4-1

```
/usr/local/bundle/gems/execjs-2.7.0/lib/execjs/runtimes.rb:58:in `autodetect': Could not find a
JavaScript runtime. See https://github.com/rails/execjs for a list of available runtimes.
(ExecJS::RuntimeUnavailable)
```

JavaScriptを使わないように設定することもできますが、ここではJavaScriptの処理系も使えるようにイメージをビルドすることにします。対象の処理系はNode.js環境とパッケージマネージャーのYarnです。YarnはRailsで作成したアプリケーションではwebpacker gemからも使われるようになっています。公式のRubyイメージにNode.js環境を追加する方法はいくつかあり、例えば次のような方法があります。

- ベースイメージのパッケージ管理システムを使ってインストールする
- Node.jsが配布しているバイナリアーカイブからインストールする
- Node.jsがインストール済みのイメージからファイルをコピーしてくる

ここではこれらの方法で、Node.jsの（執筆時点で最新のLTSである）バージョン10系列をインストールする手順について説明します。

ベースイメージのパッケージ管理システムを使ってインストールする

まずはベースイメージのパッケージ管理システムを使ってインストールする方法について解説します。Node.jsは多くのディストリビューションに含まれており、特に**deb**パッケージや**rpm**パッケージはNode.jsオフィシャルのパッケージが提供されています。Node.jsオフィシャルのパッケージをインストールすることで、ディストリビューションに含まれているバージョンではなく最新バージョンのNode.jsも使えるようになります。

次のURLからNode.jsとYarnのインストール手順を調べることができます。

Node.jsの公式ページ：https://nodejs.org/en/download/package-manager/
NodeSourceのREADME：https://github.com/nodesource/distributions/blob/master/README.md
Yarnの公式ページ：https://yarnpkg.com/ja/docs/install

今回の例は**Debian GNU/Linux 9**（コードネーム**stretch**）をベースにしているので、Dockerfileへ次の手順を追加することでインストールできます。

データ3-1-4-1：Dockerfile

```
# Node.jsのv10系列とYarnの安定版をインストールする
RUN curl -sSfL https://deb.nodesource.com/setup_10.x | bash - \
    && curl -sSfL https://dl.yarnpkg.com/debian/pubkey.gpg | apt-key add - \
    && echo "deb https://dl.yarnpkg.com/debian/ stable main" | tee /etc/apt/sources.list.d/yarn.list \
    && apt-get update \
    && apt-get install -y \
        nodejs \
        yarn \
    && rm -rf /var/lib/apt/lists/*
```

この内容を「**WORKDIR /app**」命令の次に追加します。Node.jsの環境をアップグレードする頻度は少ないため、Bundlerでgemをインストールする段階よりも前のタイミングが適切です。後ろの部分に追加すると、Gemfileが変更されたりする都度キャッシュが無効になってしまい、パッケージの再インストールが実行されてしまいます。

追加した命令が正しく動作するか、イメージをビルドして確認してみます。

コマンド 3-1-4-2

```
$ docker-compose build
Building app
Step 1/12 : FROM ruby:2.6.1-stretch
 ---> 99ef552a6db8
Step 2/12 : WORKDIR /app
 ---> Using cache
 ---> a31d67d4babe
Step 3/12 : RUN curl -sSfL https://deb.nodesource.com/setup_10.x | bash -    && curl -sSfL
https://dl.yarnpkg.com/debian/pubkey.gpg | apt-key add -    && echo "deb https://dl.yarnpkg.com/
debian/ stable main" | tee /etc/apt/sources.list.d/yarn.list    && apt-get update    && apt-get
install -y       nodejs      yarn    && rm -rf /var/lib/apt/lists/*
 ---> Running in eb70c30c5ae2

## Installing the NodeSource Node.js 10.x repo...



## Populating apt-get cache...

                                ...中略...

The following NEW packages will be installed:
  nodejs yarn
0 upgraded, 2 newly installed, 0 to remove and 2 not upgraded.
Need to get 15.9 MB of archives.
After this operation, 76.9 MB of additional disk space will be used.
Get:1 https://deb.nodesource.com/node_10.x stretch/main amd64 nodejs amd64 10.15.3-1nodesource1
[15.0 MB]
Get:2 https://dl.yarnpkg.com/debian stable/main amd64 yarn all 1.15.2-1 [836 kB]
debconf: delaying package configuration, since apt-utils is not installed
Fetched 15.9 MB in 1s (10.2 MB/s)
Selecting previously unselected package nodejs.
(Reading database ... 29729 files and directories currently installed.)
Preparing to unpack .../nodejs_10.15.3-1nodesource1_amd64.deb ...
Unpacking nodejs (10.15.3-1nodesource1) ...
Selecting previously unselected package yarn.
Preparing to unpack .../archives/yarn_1.15.2-1_all.deb ...
Unpacking yarn (1.15.2-1) ...
Setting up nodejs (10.15.3-1nodesource1) ...
Setting up yarn (1.15.2-1) ...
Removing intermediate container eb70c30c5ae2
 ---> b19c242e8ad4
Step 4/12 : ARG BUNDLE_INSTALL_ARGS="-j 4"
 ---> Running in 145c44e0dc7c
```

```
Removing intermediate container 145c44e0dc7c
 ---> 2dcafba9a3f2
Step 5/12 : COPY Gemfile Gemfile.lock ./
 ---> 061d5e667cd9
Step 6/12 : RUN bundle install ${BUNDLE_INSTALL_ARGS}
 ---> Running in d01d0c44e0df
Fetching gem metadata from https://rubygems.org/............

                            ...中略...

Successfully built fff3f3bce2a8
Successfully tagged rails-sample_app:latest
```

ビルドしたイメージで**node**コマンドと**yarn**コマンドが使えることを確認します。

コマンド3-1-4-3

```
$ docker-compose run --rm app bash
The Gemfile's dependencies are satisfied
root@48ba759cf415:/app# which node yarn
/usr/bin/node
/usr/bin/yarn
root@48ba759cf415:/app# node --version
v10.15.3
root@48ba759cf415:/app# yarn --version
1.15.2
root@48ba759cf415:/app# exit
exit
```

パッケージ管理システムを使ってインストールする方法には、どのようなパッケージでも同様の手順にまとめられるメリットがあります。また、ベースとなっているディストリビューションに対してビルドされてメンテナンスされているので、動作の検証がしやすいのもメリットです。

しかしながら、管理システムのメタデータは都度アップデートされるので、パッケージ名のみを指定しているとビルド時点で最新バージョンのパッケージがインストールされてしまいます。これを避けるためにパッケージのバージョンを厳密に管理しようとすると、手順が煩雑になってしまいます。また、このメタデータへのアクセス（ないしダウンロード）が必要になるので、ビルドに時間がかかるデメリットもあります。

Node.jsが配布しているバイナリアーカイブからインストールする

他にもNode.jsはコンパイル済みのバイナリを**tarball**（tarで一つのファイルにまとめられたアーカイブ）で配布しています。また、Yarnも代替手段のインストールとしてtarballを使ったインストールができるようになっています。このインストール手順は（執筆時点では）次のURLから参照できます。

> https://github.com/nodejs/help/wiki/Installation
> https://yarnpkg.com/ja/docs/install#alternatives-stable

これを参考にしてDockerfileに次の手順を用意します。ここではインストール先を/opt/の下にしており、パッケージ管理システムでインストールされる場所とは異なることに注意してください。

データ3-1-4-2：Dockerfile

```
#インストールするNode.jsとYarnのバージョン
# NODE_SHA256SUMの値はhttps://nodejs.org/dist/${NODE_VERSION}/SHASUMS256.txtを参照のこと
ENV \
  NODE_VERSION=v10.15.3 \
  NODE_DISTRO=linux-x64 \
  NODE_SHA256SUM=faddbe418064baf2226c2fcbd038c3ef4ae6f936eb952a1138c7ff8cfe862438 \
  YARN_VERSION=1.15.2

# YarnのインストールでNode.jsのバージョンをチェックしているので、先にインストール先へPATHを通しておく
ENV PATH=/opt/node-${NODE_VERSION}-${NODE_DISTRO}/bin:/opt/yarn-v${YARN_VERSION}/bin:${PATH}

# Node.jsとYarnをインストールする
RUN curl -sSfLO https://nodejs.org/dist/${NODE_VERSION}/node-${NODE_VERSION}-${NODE_DISTRO}.tar.xz \
    && echo "${NODE_SHA256SUM} node-${NODE_VERSION}-${NODE_DISTRO}.tar.xz" | sha256sum -c - \
    && tar -xJ -f node-${NODE_VERSION}-${NODE_DISTRO}.tar.xz -C /opt \
    && rm -v node-${NODE_VERSION}-${NODE_DISTRO}.tar.xz \
    && curl -o - -sSfL https://yarnpkg.com/install.sh | bash -s -- --version ${YARN_VERSION} \
    && mv /root/.yarn /opt/yarn-v${YARN_VERSION}
```

Node.jsのインストールではファイルの**SHA256ハッシュ**を計算して検証するようにしています。また、Yarnのインストールはインストールスクリプトを使うようにしています。YarnのインストールスクリプトではtarballのGPG署名も検証するようになっているので、直接ダウンロードして展開するよりも安全です。

この内容を（前のapt installを使った手順の代わりに）**RUN bundle install**の次に実行するようにして、イメージをビルドしてみます。

コマンド3-1-4-4

```
$ docker-compose build
Building app
Step 1/14 : FROM ruby:2.6.1-stretch
 ---> 99ef552a6db8
Step 2/14 : WORKDIR /app
 ---> Using cache
 ---> a31d67d4babe
Step 3/14 : ENV    NODE_VERSION=v10.15.3    NODE_DISTRO=linux-x64    NODE_SHA256SUM=faddbe418064baf2226c2fcbd038c3ef4ae6f936eb952a1138c7ff8cfe862438    YARN_VERSION=1.15.2
 ---> Running in e082d0f0fc14
Removing intermediate container e082d0f0fc14
 ---> d60e409bd942
Step 4/14 : ENV PATH=/opt/node-${NODE_VERSION}-${NODE_DISTRO}/bin:/opt/yarn-v${YARN_VERSION}/bin:${PATH}
 ---> Running in b8ba25cc08ac
Removing intermediate container b8ba25cc08ac
 ---> bcd68b5396dd
Step 5/14 : RUN curl -sSfLO https://nodejs.org/dist/${NODE_VERSION}/node-${NODE_VERSION}-${NODE_DISTRO}.tar.xz     && echo "${NODE_SHA256SUM} node-${NODE_VERSION}-${NODE_DISTRO}.tar.xz" | sha256sum -c -     && tar -xJ -f node-${NODE_VERSION}-${NODE_DISTRO}.tar.xz -C /opt     && rm -v node-${NODE_VERSION}-${NODE_DISTRO}.tar.xz     && curl -o - -sSfL https://yarnpkg.com/install.sh | bash -s -- --version ${YARN_VERSION}     && mv /root/.yarn /opt/yarn-v${YARN_VERSION}
 ---> Running in 699b856f4f6a
node-v10.15.3-linux-x64.tar.xz: OK
removed 'node-v10.15.3-linux-x64.tar.xz'
Installing Yarn!
> Downloading tarball...

                    ...中略...

> Successfully installed Yarn 1.15.2! Please open another terminal where the `yarn` command will now be available.
Removing intermediate container 699b856f4f6a
 ---> a628eb88c6ae
Step 6/14 : ARG BUNDLE_INSTALL_ARGS="-j 4"
 ---> Running in 308c3540546e
Removing intermediate container 308c3540546e
 ---> 7f0ee9d1aabd
```

```
Step 7/14 : COPY Gemfile Gemfile.lock ./
 ---> c677aff8faea
Step 8/14 : RUN bundle install ${BUNDLE_INSTALL_ARGS}
 ---> Running in 392b28b526c5
Fetching gem metadata from https://rubygems.org/...........

                         ...中略...

Successfully built f0c2af4b9369
Successfully tagged rails-sample_app:latest
```

ビルドしたイメージで**node**コマンドと**yarn**コマンドが使えることを確認します。

コマンド3-1-4-5

```
$ docker-compose run --rm app bash
The Gemfile's dependencies are satisfied
root@196b5d2b43a2:/app# which node yarn
/opt/node-v10.15.3-linux-x64/bin/node
/opt/yarn-v1.15.2/bin/yarn
root@196b5d2b43a2:/app# node --version
v10.15.3
root@196b5d2b43a2:/app# yarn --version
1.15.2
root@196b5d2b43a2:/app# exit
exit
```

パッケージ管理システムを使わずにtarballからインストールする方法には、特定バージョンのランタイムをインストールするように管理しやすいメリットがあります。また、パッケージ管理システムのメタデータといった不要なデータもダウンロードする必要がないので、ビルド時間の改善も期待できます。しかしながら、パッケージ管理システムとは異なってインストール手順がソフトウェアによって異なるため、手順が複雑になるデメリットがあります。加えて、イメージをビルドするときに他のサイトへアクセスする必要があります。そのサイトがダウンしているとビルドが失敗するデメリットもあります。

Node.jsがインストール済みのイメージからファイルをコピーしてくる

最後にDocker公式のNode.jsイメージからNode.jsのファイルのみをコピーしてくるようにする方法を紹介します。初期のバージョンでは提供されていなかった**Multi-stage build**を使うことで、別のイメージに含まれているファイルを取り込むことができるようになりました。

Docker公式のNode.jsイメージはnodeイメージとして配布されており、次のURLからタグなどの情報を調べることができます。

https://hub.docker.com/_/node/

今回はRuby側のイメージが**ruby:2.6.1-stretch**なので、ベースに同じディストリビューションを使っている**node:10.15.3-stretch**を使うことにします。

コマンド3-1-4-6

```
$ docker run --rm -it node:10.15.3-stretch bash
Unable to find image 'node:10.15.3-stretch' locally
10.15.3-stretch: Pulling from library/node
22dbe790f715: Already exists
0250231711a0: Already exists
6fba9447437b: Already exists
c2b4d327b352: Already exists
270e1baa5299: Already exists
08ba2f9dd763: Pull complete
c5e50fc67865: Pull complete
63de957fae37: Pull complete
Digest: sha256:8dee5aba1bf0a2d5cf036f43d3daac165d6026bf75bff63236e5693023872a62
Status: Downloaded newer image for node:10.15.3-stretch
root@ba78644db2d4:/#
```

ベースのレイヤーが**ruby:2.6.1-stretch**と同じなので、既にダウンロードされたレイヤーが使われていることに注意してください。
次のコマンドを実行して、Node.jsとYarnのファイルがどの場所にあるかを調べます。

コマンド3-1-4-7

```
root@ba78644db2d4:/# which node yarn
/usr/local/bin/node
/usr/local/bin/yarn
root@ba78644db2d4:/# ls -l /usr/local/bin/node
-rwxrwxr-x 1 root staff 39224256 Mar  5 15:52 /usr/local/bin/node
root@ba78644db2d4:/# ls -l /usr/local/bin/yarn
lrwxrwxrwx 1 root root 26 Mar  8 02:56 /usr/local/bin/yarn -> /opt/yarn-v1.13.0/bin/yarn
```

```
root@ba78644db2d4:/#
```

このイメージではNode.jsが**/usr/local**にインストールされていて、Yarnは**/opt/yarn-v1.13.0**にインストールされているようです。別のイメージでは他の場所にインストールされている場合もあるので注意してください。

これを参考にしてDockerfileに次の手順を用意します。

データ3-1-4-3：Dockerfile

```
# nodeのイメージからNode.jsとYarnをコピーする
COPY --from=node:10.15.3-stretch /usr/local/ /usr/local/
COPY --from=node:10.15.3-stretch /opt/ /opt/
```

この内容を（前のapt installやtar使った手順の代わりに）**RUN bundle install**の次に実行するようにして、イメージをビルドしてみます。

コマンド3-1-4-8

```
$ docker-compose build
Building app
Step 1/13 : FROM ruby:2.6.1-stretch
 ---> 99ef552a6db8
Step 2/13 : WORKDIR /app
 ---> Using cache
 ---> a31d67d4babe
Step 3/13 : COPY --from=node:10.15.3-stretch /usr/local/ /usr/local/
 ---> d776dcbe1a1e
Step 4/13 : COPY --from=node:10.15.3-stretch /opt/ /opt/
 ---> 4d289f8bb073
Step 5/13 : ARG BUNDLE_INSTALL_ARGS="-j 4"
 ---> Running in ed092324f386
Removing intermediate container ed092324f386
 ---> dc19835db40a
Step 6/13 : COPY Gemfile Gemfile.lock ./
 ---> 5394fd18164e
Step 7/13 : RUN bundle install ${BUNDLE_INSTALL_ARGS}
 ---> Running in dddea0664c5a
Fetching gem metadata from https://rubygems.org/............
                        ...中略...
```

```
Successfully built 1b3d55774d06
Successfully tagged rails-sample_app:latest
```

実際に実行してみるとわかりますが、前述の2つの手順に比べてビルドにかかる時間が短くなっています。Node.jsの場所を調べたときにイメージを**pull**しており、このイメージがそのままコピー元として用いられています。その後のビルドではファイルをコピーしているだけで、ネットワークアクセスやプログラムの実行などが発生しないので高速に処理できています。イメージが存在していない場合は**COPY --from=node:10.15.3-stretch**命令を実行する時点でイメージが**pull**されるようになっています。

ビルドしたイメージで**node**コマンドと**yarn**コマンドが使えることを確認します。

コマンド3-1-4-9

```
$ docker-compose run --rm app bash
The Gemfile's dependencies are satisfied
root@46bb83673b96:/app# which node yarn
/usr/local/bin/node
/usr/local/bin/yarn
root@46bb83673b96:/app# node --version
v10.15.3
root@46bb83673b96:/app# yarn --version
1.13.0
root@46bb83673b96:/app# exit
exit
```

別のイメージからインストール済みのファイルをコピーしてくる方法には、ファイルをコピーするだけで済むのでビルドの時間を短くできるメリットがあります。既にイメージをpullしている場合はダウンロード済みのイメージを使うので、ネットワークの状態に左右されずにビルドできるメリットもあります。

しかしながら、各々のイメージでファイルがどのように配置されているかは取り決められていないため、常に同じ手順を使えることが保証されていないデメリットがあります。また、ベースのイメージが違っていると、そもそもバイナリの互換性がなかったりして正しく動作しない可能性もあります。

今後の手順では、このnodeイメージからファイルをコピーしてくる方法を前提にして進めていきます。

3-1-5 Node.jsのパッケージが使えるようにする

Node.jsの環境を使えるようにしたら、続けてコンテナでNode.jsのパッケージが使えるようにしましょう。
Node.jsのパッケージを使うためには、大きく次の2つの設定が必要です。

- イメージのビルド時にNode.jsのパッケージをインストールする
- node_modulesからイメージに含まれるファイルが見えるようにする

まずはイメージのビルド時にNode.jsのパッケージをインストールするようにします。ここではパッケージマネージャーにYarnを使っているので、パッケージをインストールするためには**yarn install**コマンドを使います。
まず、次の内容で**package.json**を作成しておきます。このファイルはJSONである必要があり、空の場合はYarnがエラーになってしまうので注意してください。

データ3-1-5-1：package.json

```
{
  "private": true
}
```

また、空のyarn.lockファイルを作成しておきます。ここで作成したファイルはGemfileと同様に、後の手順でRailsアプリケーションを作成した際に置き換わります。
続けてビルドに必要な手順を追加します。これはGemfileから**bundle install**する方法と似た内容になっています。
最初にDockerfileへ**yarn install**を実行する手順を用意します。次の内容を**RUN bundle install**の後ろに追加します。

データ3-1-5-2：Dockerfile

```
# YarnでNodeパッケージをインストールする
COPY package.json yarn.lock ./
RUN yarn install
```

もう一つ、`docker-entrypoint.sh`の`bundle install`の後に次の手順を追加します。

データ3-1-5-3：docker-entrypoint.sh（追加）

```
# Yarnの依存関係をチェックしておく
yarn check --integrity --silent || true
```

最後に`docker-compose.yml`へ次の設定を加えて、/app/node_modules に匿名ボリュームがマウントされるようにします。

データ3-1-5-4：docker-compose.yml（追加）

```
## 追加箇所と関係ない部分は省略

services:
  app:
    volumes:
      # node_modulesはイメージにあるものを使う
      - /app/node_modules
```

匿名ボリュームを使った場合はコンテナを作成するたびに新しいボリュームが作成されます。この際にファイルをコピーするので、環境の作成に時間がかかるようになることに注意してください。名前付きのボリュームを使うことで、別のコンテナでも同じボリュームを共有できるのでコピーの頻度を減らすことができます。名前付きのボリュームを使う手法では、後の手順で複数のコンテナを使う場合に`yarn install`が同時に実行されないように注意する必要があります。
`docker-compose build`を実行して、イメージをビルドできることを確認しておきます。

コマンド3-1-5-1

```
$ docker-compose build
Building app

                        ...中略...


Step 7/15 : RUN bundle install ${BUNDLE_INSTALL_ARGS}
 ---> Using cache
 ---> 2cbb2c0d6567
Step 8/15 : COPY package.json yarn.lock ./
 ---> 1c7be0544d67
Step 9/15 : RUN yarn install
 ---> Running in e84793862bbb
yarn install v1.13.0
[1/4] Resolving packages...
[2/4] Fetching packages...
[3/4] Linking dependencies...
[4/4] Building fresh packages...
success Saved lockfile.
Done in 0.05s.
Removing intermediate container e84793862bbb
 ---> 50f53664bea2
Step 10/15 : COPY docker-entrypoint.sh /
 ---> 0f1fcc61f32e

                        ...中略...

Successfully built 83484206fbfe
Successfully tagged rails-sample_app:latest
```

ここまでの手順で、RubyとNode.jsが使える環境が作成できました。

3-2 Railsのアプリケーションを作成する

いよいよイメージに含まれている**Rails gem**を使ってRailsのアプリケーションファイルを作成していきます。

3-2-1 Railsコマンドでファイル一式を作成する

まずは`docker-compose run`でコンテナを立ち上げてシェルを実行します。

コマンド3-2-1-1

```
$ docker-compose run --rm app bash
The Gemfile's dependencies are satisfied
root@7d4f182b8e8c:/app#
```

Railsで新しいアプリケーションを作成するには`rails new`コマンドを使います。ここではカレントディレクトリである**/app**に作成するので「.」を指定しています。また、**--webpack=vue**でWebpack（をRailsでサポートするためのwebpacker）とVue.jsを使うようにしています。

コマンド3-2-1-2

```
root@7d4f182b8e8c:/app# rails new . --webpack=vue
      exist
     create  README.md
     create  Rakefile
     create  .ruby-version
     create  config.ru
     create  .gitignore
   conflict  Gemfile
Overwrite /app/Gemfile? (enter "h" for help) [Ynaqdhm]
```

ここでGemfileを上書きしてもよいか聞かれました。先の手順で作成したGemfileは一時的なものだったので、ここでは「**y**」を入力して上書きします。

コマンド3-2-1-3

```
Overwrite /app/Gemfile? (enter "h" for help) [Ynaqdhm] y
       force  Gemfile
         run  git init from "."
Initialized empty Git repository in /app/.git/
    conflict  package.json
Overwrite /app/package.json? (enter "h" for help) [Ynaqdhm]
```

続けて**package.json**を上書きしてもよいか聞かれました。ここでも同様に「**y**」を入力して上書きします。

コマンド3-2-1-4

```
Overwrite /app/package.json? (enter "h" for help) [Ynaqdhm] y
       force  package.json
      create  app

                              ...中略...

         run  bundle install

                              ...中略...

Installing all JavaScript dependencies [4.0.2]
         run  yarn add @rails/webpacker from "."

                              ...中略...

Webpacker now supports Vue.js☒
         run  bundle exec spring binstub --all
* bin/rake: spring inserted
* bin/rails: spring inserted
root@7d4f182b8e8c:/app#
```

これでRailsアプリケーションのファイル一式が作成されました。いったんコンテナを落としておきます。

コマンド3-2-1-5

```
root@7d4f182b8e8c:/app# exit
exit
```

Linux環境で(Docker Desktop for Macのような仮想マシンを使わずに)Dockerを動かしている場合、ここで作成されたファイルの所有者はrootユーザーになっています。これではホスト環境からファイルを編集するのが大変なので、都度次のコマンドを実行して所有者を再設定する必要があります。ここで**id**コマンドはプログラムを実行しているユーザーの情報を出力しているコマンドで、**$(id -u)**はユーザーID、**$(id -g)**はグループIDに置き換わります。

コマンド3-2-1-6

```
$ sudo chown -R "$(id -u):$(id -g)" .
```

作成したファイルをイメージに含めるために**docker-compose build**でビルドし直します。ビルド中に**bundle install**や**yarn install**でパッケージがインストールされていることを確認してください。

コマンド3-2-1-7

```
$ docker-compose build
Building app

                              ...中略...

Step 7/15 : RUN bundle install ${BUNDLE_INSTALL_ARGS}
 ---> Running in 480516d951b9
The dependency tzinfo-data (>= 0) will be unused by any of the platforms Bundler is installing
for. Bundler is installing for ruby but the dependency is only for x86-mingw32, x86-mswin32,
x64-mingw32, java. To add those platforms to the bundle, run `bundle lock --add-platform x86-
mingw32 x86-mswin32 x64-mingw32 java`.
Fetching gem metadata from https://rubygems.org/............
Fetching rake 12.3.2
Installing rake 12.3.2

                              ...中略...

Step 9/15 : RUN yarn install
 ---> Running in 5591b2d3622d
yarn install v1.13.0
[1/4] Resolving packages...
[2/4] Fetching packages...

                              ...中略...
```

```
Successfully built f439ba08e986
Successfully tagged rails-sample_app:latest
```

これでアプリケーションのイメージがビルドされました。続けていくつか追加の手順を済ませておくことにします。

3-2-2 Bundlerの設定を追加する

この状態でコンテナを立ち上げてみると、次のようにワーニングが表示されるようになっています。これはエントリーポイントで実行している**bundle check**コマンドが出力しているものです。

コマンド3-2-2-1

```
$ docker-compose run --rm app bash
The dependency tzinfo-data (>= 0) will be unused by any of the platforms Bundler is installing
for. Bundler is installing for ruby but the dependency is only for x86-mingw32, x86-mswin32,
x64-mingw32, java. To add those platforms to the bundle, run `bundle lock --add-platform x86-
mingw32 x86-mswin32 x64-mingw32 java`.
The Gemfile's dependencies are satisfied
root@3d181647c8f8:/app# exit
exit
```

ここで構築に使っているDocker環境はLinuxで動作しているので、このワーニングは無視してもかまいません。また、メッセージにあるように**bundle lock**コマンドでGemfileにプラットフォームを追加すれば解消します。もしくは、Bundlerの1.17.0以降では**disable_platform_warnings**を**true**に設定することで、このワーニングが表示されないようになります。

ここではイメージをビルドする時点で**disable_platform_warnings**を設定するようにします。Dockerfileにある「# Bundlerでgemをインストールする」の部分で**RUN bundle install**としていた部分を次のように変更します。

データ3-2-2-1：Dockerfile

```
# Bundlerを設定してgemをインストールする
ARG BUNDLE_INSTALL_ARGS="-j 4"
COPY Gemfile Gemfile.lock ./
```

```
RUN bundle config --local disable_platform_warnings true \
    && bundle install ${BUNDLE_INSTALL_ARGS}
```

ここでは**bundle config**に**--local**オプションをつけて設定を書き込んでいますが、この設定が保存される場所に注意してください。前述のSinatraアプリケーション構築の部分で解説したとおり、コンテナ内では環境変数で**BUNDLE_APP_CONFIG=/usr/local/bundle**と設定されています。そのため、この設定は**/usr/local/bundle/config**に保存されるようになっています。
動作確認のためにイメージをビルドします。

コマンド3-2-2-2

```
$ docker-compose build
Building app

                              ...中略...

Step 7/15 : RUN bundle config --local disable_platform_warnings true      && bundle install ${BUNDLE_INSTALL_ARGS}
 ---> Running in d1be13d5aac0
You are replacing the current local value of disable_platform_warnings, which is currently nil
Fetching gem metadata from https://rubygems.org/............

                              ...中略...

Successfully built 3b9a6000e510
Successfully tagged rails-sample_app:latest
```

コンテナを立ち上げて動作確認をしてみます。

コマンド3-2-2-3

```
$ docker-compose run --rm app bash
The Gemfile's dependencies are satisfied
root@cd2f72dd90c1:/app# exit
exit
```

ワーニングが表示されなくなっていることが確認できました。

3-2-3 Gemfileの依存関係を修正する

ここまでの手順では**rails new**で**--database**オプションを指定していませんでした。これを指定しなかった場合はデフォルトで組み込みデータベースのSQLiteを使うようになっています。

執筆時の環境では、SQLiteを使う場合には追加の手順が必要なようでした。次のように**rails console**を実行すると、エラーが表示されて正しく動作しない状態になっています。

コマンド3-2-3-1

```
$ docker-compose run --rm app bash
root@2abf8481b8f5:/app# rails console
/usr/local/lib/ruby/site_ruby/2.6.0/bundler/rubygems_integration.rb:408:in `block (2 levels) in replace_gem': Error loading the 'sqlite3' Active Record adapter. Missing a gem it depends on? can't activate sqlite3 (~> 1.3.6), already activated sqlite3-1.4.0. Make sure all dependencies are added to Gemfile. (LoadError)

...中略...

root@2abf8481b8f5:/app#
```

このエラーは**Gemfile**で**sqlite3 gem**のバージョンを明示していないのが問題のようです。そのため、次のコマンドを実行してsqlite3 gemの1.3系が使われるようにGemfileで指定されるようにします。

コマンド3-2-3-2

```
root@2abf8481b8f5:/app# sed -i -e "/^gem/s/'sqlite3'.*/'sqlite3', '~> 1.3.6'/" Gemfile
root@2abf8481b8f5:/app#
```

Gemfileのsqlite3に関する部分が次のように変更されたことを確認します。

コマンド3-2-3-3

```
root@2abf8481b8f5:/app# grep sqlite3 Gemfile
# Use sqlite3 as the database for Active Record
gem 'sqlite3', '~> 1.3.6'
root@2abf8481b8f5:/app#
```

変更されたGemfileから**bundle install**を実行してgemをインストールします。

コマンド3-2-3-4

```
root@2abf8481b8f5:/app# bundle install

                         ...中略...

Installing sqlite3 1.3.13 (was 1.4.0) with native extensions
Bundle complete! 18 Gemfile dependencies, 79 gems now installed.
Bundled gems are installed into `/usr/local/bundle`
root@2abf8481b8f5:/app#
```

この状態でもう一度**rails console**を立ち上げてみます。

コマンド3-2-3-5

```
root@2abf8481b8f5:/app# rails console
Running via Spring preloader in process 404
Loading development environment (Rails 5.2.2.1)
irb(main):001:0> Rails.version
=> "5.2.2.1"
irb(main):002:0> exit
root@2abf8481b8f5:/app# exit
exit
```

エラーメッセージが表示されず、正しく動作することを確認できました。

3-2-4 Webサーバーを立ち上げて動作を確認する

続けてWebサーバーの動作を確認してみましょう。先の手順でDockerfileの**CMD**命令でRailsのWebサーバーを立ち上げるように設定していました。そのため、次のように**docker-compose up**を実行すればWebサーバーが立ち上がります。

コマンド3-2-4-1

```
$ docker-compose up
Creating rails-sample_app_1 ... done
Attaching to rails-sample_app_1
app_1  | The Gemfile's dependencies are satisfied
app_1  | => Booting Puma
app_1  | => Rails 5.2.2.1 application starting in development
app_1  | => Run `rails server -h` for more startup options
app_1  | Puma starting in single mode...
app_1  | * Version 3.12.0 (ruby 2.6.1-p33), codename: Llamas in Pajamas
app_1  | * Min threads: 5, max threads: 5
app_1  | * Environment: development
app_1  | * Listening on tcp://0.0.0.0:3000
app_1  | Use Ctrl-C to stop
```

ここでログに「**A server is already running. Check /app/tmp/pids/server.pid.**」と表示されてサーバーが立ち上がらない場合、次のように**/app/tmp/pids/server.pid**ファイルを削除してからやり直してみてください。この問題への対処については後述します。

コマンド3-2-4-2

```
$ docker-compose run --rm app rm -vf /app/tmp/pids/server.pid
The Gemfile's dependencies are satisfied
removed '/app/tmp/pids/server.pid'
```

Webサーバーが動作している状態で、ホスト環境のブラウザからアクセスしてみます。

図3-2-4-1：Railsアプリケーションのトップページ

Railsアプリケーションの初期ページが表示されることが確認できました。

3-3 開発に必要な構成を追加する

これでRailsアプリケーションが動作する環境が構築できました。続けて開発作業に必要な構成を追加していきます。

3-3-1 コンテナの立ち上げ時にクリーンアップをおこなう

前述したとおり、サービスを立ち上げようとすると次のようなログが表示されて失敗することがあります。

コマンド3-3-1-1

```
$ docker-compose up
Creating rails-sample_app_1 ... done
Attaching to rails-sample_app_1
app_1  | The Gemfile's dependencies are satisfied
app_1  | => Booting Puma
app_1  | => Rails 5.2.2.1 application starting in development
app_1  | => Run `rails server -h` for more startup options
app_1  | A server is already running. Check /app/tmp/pids/server.pid.
app_1  | Exiting
```

これは**tmp/pids/server.pid**ファイルが残っている状態でサーバーを立ち上げようとしているのが原因です。このファイルは動作中のサーバーのプロセスID（PID）が書き込まれたもので、動作中のサーバーを停止したり設定を再読み込みさせる場合などに使われます。このファイルはコンテナを停止する際に残ってしまう場合があり、ホスト環境のボリュームをマウントしている場合はファイルはコンテナを削除しても残ってしまいます。

そのため、コンテナを開始する時点でPIDファイルを削除するようにしておきます。エントリーポイントの処理に次の内容を追加します。

データ3-3-1-1：docker-entrypoint.sh

```
## execの手前の処理までは省略

# Railsサーバーを実行する場合、PIDファイルがあれば削除しておく
if [ "${1:-}" = rails -a "${2:-}" = server ]; then
  if [ -f tmp/pids/server.pid ]; then
    rm -v tmp/pids/server.pid
  fi
fi

exec "$@"
```

エントリーポイントはサーバーを立ち上げる前に実行されるので、**server.pid**が残っている場合は次のようにファイルが削除されてからサーバーが立ち上がるようになります。

コマンド3-3-1-2

```
$ docker-compose up
Starting rails-sample_app_1 ... done
Attaching to rails-sample_app_1
app_1  | The Gemfile's dependencies are satisfied
app_1  | removed 'tmp/pids/server.pid'
app_1  | => Booting Puma
                         ...後略...
```

3-3-2 開発用ツールの設定を修正する

次に、Railsの開発ツールがDockerの環境でも動くように設定などを修正します。
まずweb-consoleの設定を変更します。デフォルトの設定では、ページにアクセスすると次のようなメッセージが表示されています。

データ3-3-2-1：web-consoleのメッセージ

```
app_1  | Cannot render console from 172.24.0.1! Allowed networks: 127.0.0.1, ::1,
127.0.0.0/127.255.255.255
```

エラーメッセージによれば、Railsサーバーへは別のアドレスからアクセスしているように見えています。ブラウザから**localhost:3000**に接続していても、実際にはポートの接続先であるコンテナの環境へリクエストが中継されているためです。

コンテナの外からの接続も許可するようにするためには、**config/environments/development.rb**に次の設定を追加します。ここではDockerのデフォルトで内部ネットワークに使われる範囲を設定するようにしました。

データ3-3-2-2：config/environments/development.rb（追加）

```
##追加箇所と関係ない部分は省略

Rails.application.configure do
  # Dockerコンテナ外からの接続を許可する
  config.web_console.whitelisted_ips = %w(172.16.0.0/12)
env
```

他にはデバッガのbyebugや**pry-byebug**を使う場合も追加の設定が必要です。デバッガが立ち上がるとRailsサーバーの標準入力からコマンドを受け付けるようになっています。**Docker Compose**では**docker-compose up**などで立ち上げたサービスでは標準入力が閉じた状態で立ち上がっているため、そのままでは**docker attach**で接続してもコマンドを入力することができません。

Railsサーバーでは標準入力が仮想端末につながった状態にしておくように、**docker-compose.yml**へ次の設定を追加します。

データ3-3-2-3：docker-compose.yml（追加）

```
##追加箇所と関係ない部分は省略

services:
  app:
    stdin_open: true
    tty: true
```

ここまでの設定の動作確認をしてみます。あらかじめ`docker-compose run --rm app rails generate controller Top index`コマンドを実行して、コントローラーを生成しておきます。

コマンド3-3-2-1

```
$ docker-compose run --rm app rails generate controller Top index
      create  app/controllers/top_controller.rb
       route  get 'top/index'

                              ...後略...
```

生成されたコントローラーのファイル**app/controllers/top_controller.rb**へ、次のように**byebug**メソッドの呼び出しを追加します。

データ3-3-2-4：app/controllers/top_controller.rb

```
class TopController < ApplicationController
  def index
    byebug
  end
end
```

ビューの「**app/views/top/index.html.erb**」へ、次のように`<% console %>`の呼び出しを追加します。

データ3-3-2-5：app/views/top/index.html.erb

```
<h1>Top#index</h1>
<p>Find me in app/views/top/index.html.erb</p>

<% console %>
```

3-3 開発に必要な構成を追加する

設定が再読み込みされるようにコンテナを立ち上げなおします。サーバーが動いているコンテナの名前を確認し、`docker attach`して接続しておきます。

コマンド 3-3-2-2

```
$ docker-compose up -d
Recreating rails-sample_app_1 ... done
$ docker-compose ps
       Name                    Command              State              Ports
--------------------------------------------------------------------------------
rails-sample_app_1   /docker-entrypoint.sh rail ...   Up      0.0.0.0:3000->3000/tcp
$ docker attach rails-sample_app_1

                               ...後略...
```

ブラウザから**http://localhost:3000/top/index**にアクセスすると次のように**Byebug**のプロンプトが表示され、コマンドが入力できるようになっていることが確認できます。

コマンド 3-3-2-3

```
Started GET "/top/index" for 172.24.0.1 at 2019-03-16 07:46:56 +0000
Processing by TopController#index as HTML
Return value is: nil

[1, 5] in /app/app/controllers/top_controller.rb
   1: class TopController < ApplicationController
   2:   def index
   3:     byebug
=> 4:   end
   5: end
(byebug) params
<ActionController::Parameters {"controller"=>"top", "action"=>"index"} permitted: false>
(byebug) continue
  Rendering top/index.html.erb within layouts/application
  Rendered top/index.html.erb within layouts/application (2.5ms)
Completed 200 OK in 26503ms (Views: 1227.1ms | ActiveRecord: 0.0ms)
```

Byebugを抜けたあと、ブラウザではコンソールが使えるようになっていることを確認します。

図3-3-2-1：トップページの下部に表示されているコンソール

3-3-3 Springを使うための構成を追加する

開発環境では`rails`コマンドや`rake`コマンドでタスクを実行することが多くなります。Railsの開発環境ではデフォルトで**Spring**が使われるようになっています。Springはアプリケーションをバックグラウンドで実行し続けることでコマンドを高速に実行するためのプリローダーです。

Springは最初に必要な時点で開始され、その後はバックグラウンドで常駐するようになっています。これが明示的に立ち上がるようなサービスを定義しましょう。

docker-entrypoint.shに次の定義を追加します。構成を単純にするため、**app**サービスのコンテナではSpringを無効にするようにしました。

データ3-3-3-1：docker-entrypoint.sh（追加）

```
##追加箇所と関係ない部分は省略

services:
  app:
    environment:
```

```yaml
      # appコンテナではSpringを無効にする
      - DISABLE_SPRING=1

  # Springサーバー
  spring:
    build: .

    command: spring server
    entrypoint: /docker-entrypoint-spring.sh

    #プロセスが正しく後始末されるようにする
    init: true

    # spring statusやspring stopが正しく動作するようにする
    pid: host

    environment:
      - SPRING_SOCKET=/tmp/spring/spring.sock

    volumes:
      - .:/app
      # node_modulesはイメージにあるものを使う
      - /app/node_modules
      - spring-tmp:/tmp/spring

volumes:
  # Springの一時ファイルを共有するボリューム
  spring-tmp:
```

entrypointで設定している**docker-entrypoint-spring.sh**はSpringサーバー用のエントリーポイントです。このファイルもコピーされるように、Dockerfileでエントリーポイントを設定していた部分を次のように書き換えておきます。

データ3-3-3-2：docker-entrypoint-spring.sh（修正）

```
#エントリーポイントを設定する
COPY docker-entrypoint*.sh /
RUN chmod +x /docker-entrypoint*.sh
ENTRYPOINT ["/docker-entrypoint.sh"]
```

docker-entrypoint-spring.shは次の内容で作成します。

データ3-3-3-3：docker-entrypoint-spring.sh

```
#!/bin/bash

set -eu

# Springのサブコマンドやオプションから始まる場合、springコマンドを経由させる
case "${1:-}" in
  binstub | help | server | status | stop | "-*" )
    set -- spring "$@"
    ;;
esac

# Springサーバーを立ち上げる場合、socketファイルを削除しておく
if [ "${1:-}" = spring -a "${2:-}" = server ]; then
  if [ -n "${SPRING_SOCKET}" -a -S "${SPRING_SOCKET}" ]; then
    rm -v "${SPRING_SOCKET}"
  fi
fi

exec "$@"
```

エントリーポイントではSpringのサブコマンドが指定されたら**spring**コマンドを前につけるようにしています。こうすることで**docker-compose run spring help**のようにしてサービス名をコマンドのようにして実行できるようになります。また、Springサーバーのコンテナを停止した場合、ソケットファイル（**SPRING_SOCKET**で指定した**/tmp/spring/spring.sock**）が残ってしまうことがあります。そこで、前述のPIDファイルと同様、起動時にソケットファイルを削除する処理も追加しました。

ここまでの対応をしたら、**docker-compose up --build**でイメージをビルドし直してからサービスを立ち上げます。ここではspringイメージのログだけを確認できるよう、**-d**オプションをつけてバックグラウンドで立ち上げてから**docker-compose logs**コマンドを使うようにしています。

コマンド3-3-3-1

```
$ docker-compose up --build -d
Creating volume "rails-sample_spring-tmp" with default driver
Building app

                        ...中略...
```

```
Step 15/15 : EXPOSE 3000
 ---> Running in 7895cd5142e9
Removing intermediate container 7895cd5142e9
 ---> f7422fa6fc3b

Successfully built f7422fa6fc3b
Successfully tagged rails-sample_app:latest
Building spring
                          ...中略...

Step 14/15 : CMD ["rails", "server", "-b", "0.0.0.0"]
 ---> Using cache
 ---> cc5dfca13465
Step 15/15 : EXPOSE 3000
 ---> Using cache
 ---> f7422fa6fc3b

Successfully built f7422fa6fc3b
Successfully tagged rails-sample_spring:latest
Recreating rails-sample_app_1    ... done
Recreating rails-sample_spring_1 ... done
$ docker-compose logs -f spring
Attaching to rails-sample_spring_1
spring_1  | [2019-03-16 08:02:38 +0000] [35030] [server] started on /tmp/spring/spring.sock
```

springイメージをビルドし直していますが、内容は前のappイメージのビルドと同じなので（キャッシュが使われて）同じイメージになっていることがわかります。

Springサーバーが動いている状態で、他のターミナルから`docker-compose run`を使って動作を確認してみます。

コマンド3-3-3-2

```
$ docker-compose run --rm spring rails console
Running via Spring preloader in process 35806
Loading development environment (Rails 5.2.2.1)
irb(main):001:0> exit
$ docker-compose run --rm spring status
Spring is running:

35030 spring server | app | started 2 mins ago
35750 spring app    | app | started 1 min ago | development mode
```

rails consoleがSpringサーバー経由で動作していることを確認できます。また、spring statusを実行するとSpringサーバーが動作していることを確認できます。また、springコンテナのログからも次のように接続が来ていることを確認できます。

データ3-3-3-4：springコンテナの接続状況

```
spring_1  | [2019-03-16 08:02:50 +0000] [35030] [server] accepted client
spring_1  | [2019-03-16 08:02:50 +0000] [35030] [server] running command rails_console
spring_1  | [2019-03-16 08:02:50 +0000] [35030] [application_manager:development] child not running; starting
spring_1  | [2019-03-16 08:02:50 +0000] [35750] [application:development] initialized -> running
spring_1  | [2019-03-16 08:02:50 +0000] [35750] [application:development] got client
spring_1  | [2019-03-16 08:02:50 +0000] [35750] [application:development] preloading app
```

これでSpringを使った環境を準備することができました。

ここで紹介した構成では**docker-compose.yml**に**pids: host**を指定していることに注意してください。このようにしてプロセスIDにDockerホスト環境で割り当てられている値が見えるようにすることで、他のコンテナで**spring status**を実行してもサーバーのプロセスにアクセスできるようになっています。

Linux環境で（Docker Desktop for Macのような仮想マシンを使わずに）Dockerを動かしている場合、このように設定しているとホスト環境からSpringサーバーへアクセスできるようにもできます。その場合は環境変数は**SPRING_SOCKET=tmp/spring.sock**のように設定し、ホスト環境の環境変数では**SPRING_SOCKET=tmp/spring.sock**に加えて**SPRING_SERVER_COMMAND=docker-compose up -d spring**"をSpringサーバーを起動するコマンドとして設定します。

3-3-4 Webpackerを使うための構成を追加する

開発環境ではRubyのコードだけでなく、JavaScriptやSASS/CSSといったフロントエンド側のコードも頻繁に変更することになります。ここの構成ではWebpackerを使うようにしており、デフォルトではページにアクセスがあった時点で再コンパイルが実行されるようになっています。

webpack-dev-serverを使うことで、変更があったJavaScriptコードを再読み込みする**live code reloading**を使うことができます。

開発環境ではRailsのWebサーバーとともに**webpack-dev-server**が立ち上がるようにしましょう。RubyやRailsでは複数のプロセスを管理するためにforeman gemを使うことが多いですが、ここではSpringと同様に別のサービスとして立ち上がるようにします。
docker-compose.ymlに次の内容を追加します。

データ 3-3-4-1：docker-compose.yml（追加）

```
##追加箇所と関係ない部分は省略

services:
  app:
    environment:
      # webpackのアセットをwebpack-dev-serverから取得する
      - WEBPACKER_DEV_SERVER_HOST=webpack
      - WEBPACKER_DEV_SERVER_PUBLIC=localhost:3035

  # webpack-dev-server
  webpack:
    build: .

    command: ruby ./bin/webpack-dev-server

    ports:
      - "3035:3035"

    environment:
      #コンテナの外からも接続できるようにする
      - WEBPACKER_DEV_SERVER_HOST=0.0.0.0

    volumes:
      - .:/app
      # node_modulesはイメージにあるものを使う
      - /app/node_modules
```

ここでは**command**に**ruby ./bin/webpack-dev-server**を指定してRubyの**binstub**（スタブプログラム）を経由してサーバーを実行するようにしています。このサーバーへコンテナの外からも接続できるように、**WEBPACKER_DEV_SERVER_HOST**環境変数を設定しています。また、appコンテナに環境変数を設定しています。まず、**WEBPACKER_DEV_SERVER_HOST**の設定で**webpack-dev-server**がホスト名webpackで実行されていることを伝えています。webpacker gemはこのホストへ接続し、接続できた場合はwebpack関連のアセットを別の場所から取得するようにURLを書き換えるようになっています。

この書き換え先URLのホスト名を**WEBPACKER_DEV_SERVER_PUBLIC**で設定しており、この場合はコンテナのホスト環境からlocalhostへアクセスすることを想定した設定になっています。動作を確認するため、`docker-compose up --build`でイメージをビルドし直してサービスを立ち上げます。

コマンド3-3-4-1

```
$ docker-compose up --build -d
Building app
                            ...中略...

Successfully built 6f53a2494858
Successfully tagged rails-sample_spring:latest
Recreating rails-sample_spring_1   ... done
Recreating rails-sample_webpack_1 ... done
Recreating rails-sample_app_1     ... done
$ docker-compose logs -f webpack
Attaching to rails-sample_webpack_1
webpack_1  | The Gemfile's dependencies are satisfied
webpack_1  |i 「wds」: Project is running at http://localhost:3035/
webpack_1  |i 「wds」: webpack output is served from /packs/
webpack_1  |i 「wds」: Content not from webpack is served from /app/public/packs
webpack_1  |i 「wds」: 404s will fallback to /index.html
webpack_1  |i 「wdm」: Hash: 42a76948a5689f6ea3d2
webpack_1  | Version: webpack 4.29.6
webpack_1  | Time: 1455ms
webpack_1  | Built at: 03/16/2019 8:08:50 AM
webpack_1  | Asset       Size       Chunks             Chunk Names
webpack_1  | js/application-6b9d7f88f41a79ddc04a.js      375 KiB  application  [emitted]  application
webpack_1  | js/application-6b9d7f88f41a79ddc04a.js.map  426 KiB  application  [emitted]  application
webpack_1  | js/hello_vue-55fc05676ac44dc1a296.js        642 KiB  hello_vue    [emitted]  hello_vue
webpack_1  | js/hello_vue-55fc05676ac44dc1a296.js.map    740 KiB  hello_vue    [emitted]  hello_vue
webpack_1  | manifest.json  689 bytes                   [emitted]
webpack_1  |i 「wdm」: Compiled successfully.
```

先にRailsアプリケーションを作成する手順で**Vue.js**を使うようにオプションを設定したので、サンプルの**hello_vue**が提供されていることがわかります。Railsのコントローラー（とビュー）を追加して画面を確認してみましょう。

コマンド3-3-4-2

```
$ docker-compose run --rm spring rails generate controller HelloVue index
Running via Spring preloader in process 45076
      create    app/controllers/hello_vue_controller.rb
       route    get 'hello_vue/index'
      invoke    erb
      create      app/views/hello_vue
      create      app/views/hello_vue/index.html.erb
      invoke    test_unit
      create      test/controllers/hello_vue_controller_test.rb
      invoke    helper
      create      app/helpers/hello_vue_helper.rb
      invoke      test_unit
      invoke    assets
      invoke      coffee
      create        app/assets/javascripts/hello_vue.coffee
      invoke      scss
      create        app/assets/stylesheets/hello_vue.scss
```

ビューのファイルは**app/views/hello_vue/index.html.erb**に作成されています。この内容を次のように書き換えます。

データ3-3-4-2：app/views/hello_vue/index.html.erb（修正）

```
<%= javascript_pack_tag 'hello_vue' %>
```

コンテナのホスト環境で、ブラウザから**http://localhost:3000/hello_vue/index**にアクセスしてみます。「**Hello Vue!**」のメッセージが表示されたらOKです。

図3-3-4-1：hello_vueのサンプルページ

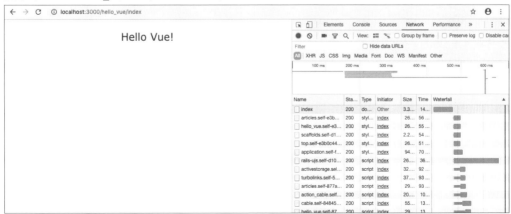

続けてVueのファイルを書き換えて**live code reloading**が動作することを確認します。サービスは立ち上げたまま、**app/javascript/app.vue**ファイルの内容を次のように変更します。ここではmessageの内容を「**Vueへようこそ!**」に変更しました。

データ3-3-4-3：app/javascript/app.vue（修正）

```
<template>
  <div id="app">
    <p>{{ message }}</p>
  </div>
</template>

<script>
export default {
  data: function () {
    return {
      message: "Vueへようこそ！"
    }
  }
}
</script>

<style scoped>
p {
  font-size: 2em;
  text-align: center;
}
</style>
```

変更したファイルを保存したら、ブラウザ側の画面も更新されていればOKです。

図3-2-4-2：変更したメッセージが反映されたサンプルページ

Docker Composeのログ画面からは再コンパイルが実行されていることが確認できます。

データ3-3-4-4：再コンパイル時のログ出力

```
webpack_1  |i「wdm」: Compiling...
webpack_1  |i「wdm」: Hash: 7a2fd74d54de69b79205
webpack_1  | Version: webpack 4.29.6
webpack_1  | Time: 1455ms
webpack_1  | Built at: 03/16/2019 8:16:22 AM
webpack_1  |         Asset       Size       Chunks              Chunk Names
webpack_1  | js/application-6b9d7f88f41a79ddc04a.js     375 KiB  application           application
webpack_1  | js/application-6b9d7f88f41a79ddc04a.js.map 426 KiB  application           application
webpack_1  | js/hello_vue-e78da266fe50c2a42d61.js       642 KiB  hello_vue  [emitted]  hello_vue
webpack_1  | js/hello_vue-e78da266fe50c2a42d61.js.map   740 KiB  hello_vue  [emitted]  hello_vue
webpack_1  |                                   manifest.json  689 bytes             [emitted]
webpack_1  |i「wdm」: Compiled successfully.
```

Docker Desktop for Macなど仮想マシン経由でDockerを動かしている場合、ファイルの変更がうまく検知されないことがあります。この場合は**config/webpacker.yml**に次の設定を追加して、ポーリングで監視するように設定してみてください。

データ3-3-4-5：config/webpacker.yml（追加）

```
##追加箇所と関係ない部分は省略

development:
  dev_server:
    watch_options:
      # pollにtrueもしくは数値（ミリ秒単位のポーリング間隔）を指定するとポーリングで監視するようになる
      poll: true
```

3-3-5 データベースサーバーを動かす（PostgreSQL）

最後にデータベース（DB）サーバーを動かして、このデータベースへデータが格納されるように構成しましょう。これまでの手順ではデフォルトのSQLiteを使うようになっていて、開発環境ではデータが**db/development.sqlite3**ファイルへ格納されるようになっています。運用環境ではPostgreSQLやMySQLといった、他のデータベースサーバーへデータを格納するように構成されるのが一般的です。

最初にPostgreSQLを使う場合の手順を紹介します。HerokuではPostgreSQLのマネージドサービスが提供されているので、RailsアプリケーションをHerokuにデプロイする場合に使われることが多いです。

PostgreSQLに接続する場合は**pg** gemが必要です。あらかじめ次のコマンドでGemfileへ依存関係を追加しておきます。ここでは執筆時点で最新バージョンの0.18系列をインストールするようにしました。また、gemのインストールはイメージをビルドする際にも実行されるので、この時点では**--skip-install**オプションを指定してインストールはしないようにしています。

コマンド3-3-5-1

```
$ docker-compose run --rm app bundle add pg --version '~> 0.18.4' --skip-install
The Gemfile's dependencies are satisfied
Fetching gem metadata from https://rubygems.org/...........
Fetching gem metadata from https://rubygems.org/.
Resolving dependencies...
```

続けて**docker-compose.yml**へ次の定義を追加します。

データ3-3-5-1：docker-compose.yml（追加）

```yaml
##追加箇所と関係ない部分は省略

services:
  app:
    depends_on:
      - db

    environment:
      # dbコンテナに接続する
      - DATABASE_URL=postgresql://postgres:rails-example-app@db/railssample_development
```

```yaml
  spring:
    environment:
      # dbコンテナに接続する
      - DATABASE_URL=postgresql://postgres:rails-example-app@db/railssample_development

  # DBサーバー
  db:
    image: postgres:11.2

    environment:
      - POSTGRES_DB=railssample_development
      - POSTGRES_PASSWORD=rails-example-app

    volumes:
      - db-data:/var/lib/postgresql/data

volumes:
  # DBの格納先
  db-data:
```

DBに接続するユーザー名はデフォルトで作成されている**postgres**を使うようにしました。また、開発環境のデータベース名を**railssample_development**としています。

DBサーバーの設定では、データベースファイルの格納先を名前付きのボリュームにしています。このボリュームの指定が無い場合は（postgresイメージでの設定に従って）匿名ボリュームが作成されてマウントされるようになっています。環境変数**POSTGRES_DB**にデータベース名を設定して、コンテナの初期化処理で開発環境のRailsが使うデータベースが作成されるようにしています。イメージをビルドし直してサービスを立ち上げます。DBで使っているpostgresイメージが存在しない場合はpullされます。

コマンド3-3-5-2

```
$ docker-compose up --build -d
Creating volume "rails-sample_db-data" with default driver
Pulling db (postgres:11.2)...
11.2: Pulling from library/postgres

                            ...中略...

Fetching pg 0.18.4
Installing pg 0.18.4 with native extensions
```

```
                           ...中略...

Successfully built 65f548a2e890
Successfully tagged rails-sample_webpack:latest
Recreating rails-sample_spring_1   ... done
Recreating rails-sample_webpack_1 ... done
Creating rails-sample_db_1         ... done
Recreating rails-sample_app_1      ... done
$ docker-compose logs -f app db
Attaching to rails-sample_app_1, rails-sample_db_1

                           ...中略...


db_1      | PostgreSQL init process complete; ready for start up.
db_1      |
db_1      | 2019-03-16 08:17:07.211 UTC [1] LOG:  listening on IPv4 address "0.0.0.0", port 5432
db_1      | 2019-03-16 08:17:07.211 UTC [1] LOG:  listening on IPv6 address "::", port 5432
db_1      | 2019-03-16 08:17:07.213 UTC [1] LOG:  listening on Unix socket "/var/run/
postgresql/.s.PGSQL.5432"
db_1      | 2019-03-16 08:17:07.226 UTC [61] LOG:  database system was shut down at 2019-03-16
08:17:07 UTC
db_1      | 2019-03-16 08:17:07.233 UTC [1] LOG:  database system is ready to accept connections
```

DBサーバーが立ち上がったのを確認したら、DBへアクセスするページを作って動作確認してみましょう。次のコマンドで**scaffold**を作成します。

コマンド3-3-5-3

```
$ docker-compose run --rm spring rails generate scaffold article title:string text:text
Running via Spring preloader in process 45201
      invoke  active_record
      create    db/migrate/20190316081741_create_articles.rb
      create    app/models/article.rb
      invoke    test_unit
      create      test/models/article_test.rb
      create      test/fixtures/articles.yml
      invoke  resource_route
       route    resources :articles
      invoke  scaffold_controller
      create    app/controllers/articles_controller.rb
```

```
      invoke    erb
      create      app/views/articles
      create      app/views/articles/index.html.erb
      create      app/views/articles/edit.html.erb
      create      app/views/articles/show.html.erb
      create      app/views/articles/new.html.erb
      create      app/views/articles/_form.html.erb
      invoke    test_unit
      create      test/controllers/articles_controller_test.rb
      create      test/system/articles_test.rb
      invoke    helper
      create      app/helpers/articles_helper.rb
      invoke      test_unit
      invoke    jbuilder
      create      app/views/articles/index.json.jbuilder
      create      app/views/articles/show.json.jbuilder
      create      app/views/articles/_article.json.jbuilder
      invoke  assets
      invoke    coffee
      create      app/assets/javascripts/articles.coffee
      invoke    scss
      create      app/assets/stylesheets/articles.scss
      invoke  scss
      create    app/assets/stylesheets/scaffolds.scss
```

このモデルはRailsガイドにあるものを参考にしました。

> Railsガイド: https://guides.rubyonrails.org/getting_started.html#creating-the-article-model

続けてマイグレーションを実行します。ここではDBコンテナ側でデータベース名を設定しているので、既に空のデータベースが作成されています。そのため`rake db:create`は必要ないことに注意してください。

コマンド3-3-5-4

```
$ docker-compose run --rm spring rake db:migrate
== 20190316081741 CreateArticles: migrating ====================================
-- create_table(:articles)
   -> 0.0133s
== 20190316081741 CreateArticles: migrated (0.0135s) ===========================
```

データベースにテーブルが作成されていることを確認します。

コマンド3-3-5-5

```
$ docker-compose exec db psql -U postgres railssample_development
psql (11.2 (Debian 11.2-1.pgdg90+1))
Type "help" for help.

railssample_development=# \dt
              List of relations
 Schema |         Name         | Type  |  Owner
--------+----------------------+-------+----------
 public | ar_internal_metadata | table | postgres
 public | articles             | table | postgres
 public | schema_migrations    | table | postgres
(3 rows)

railssample_development=# \q
```

ブラウザから**http://localhost:3000/articles**へアクセスして、作成されたページの動作を確認してみましょう。

図3-3-5-1：作成されたscaffoldページ

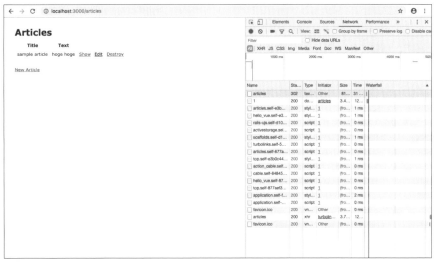

これでPostgreSQLを使った構成で動作させることができました。

3-3-6 データベースサーバーを動かす（MySQL）

続けてMySQLを使う場合の手順を紹介します。

MySQLの場合は**mysql2** gemが必要です。あらかじめ次のコマンドで**Gemfile**へ依存関係を追加しておきます。ここでは執筆時点で最新バージョンの0.5系列を使うようにしました。

コマンド3-3-6-1

```
$ docker-compose run --rm app bundle add mysql2 --version '~> 0.5.2' --skip-install
The Gemfile's dependencies are satisfied
Fetching gem metadata from https://rubygems.org/............
Fetching gem metadata from https://rubygems.org/.
Resolving dependencies...
```

Gemfileの最後に**gem "mysql2", "~> 0.5.2"**が追加されていることを確認します。

続けて**docker-compose.yml**へ次の定義を追加します。

データ3-3-6-1： docker-compose.yml（追加）

```yaml
##追加箇所と関係ない部分は省略

services:
  app:
    depends_on:
      - db

    environment:
      # dbコンテナに接続する
      - DATABASE_URL=mysql2://root:rails-example-app@db/railssample_development

  spring:
    environment:
      # dbコンテナに接続する
      - DATABASE_URL=mysql2://root:rails-example-app@db/railssample_development

  # DBサーバー
  db:
    image: mysql:8.0.15

    #デフォルトで4バイトUTF-8と古い認証方式を使うようにする。
    command: >-
```

```
      --character-set-server=utf8mb4
      --collation-server=utf8mb4_unicode_ci
      --default-authentication-plugin=mysql_native_password

    environment:
      - MYSQL_DATABASE=railssample_development
      - MYSQL_ROOT_PASSWORD=rails-example-app

    volumes:
      - db-data:/var/lib/mysql
volumes:
  # DBの格納先
  db-data:
```

ここではMySQLのバージョン8.0.15が使われるようにしました。**MySQL 8.0**からはデフォルトの認証方式が変更されているので注意する必要があります。

イメージの立ち上げからマイグレーションまでの手順は、前述したPostgreSQLの場合と同様になります。ここでは前のMySQLの手順が実行済みであることを想定し、いったん**docker-compose down -v**でボリュームを削除しています。

コマンド3-3-6-2

```
$ docker-compose down -v
Stopping rails-sample_app_1      ... done
Stopping rails-sample_db_1       ... done
Stopping rails-sample_webpack_1  ... done
Stopping rails-sample_spring_1   ... done
Removing rails-sample_app_1      ... done
Removing rails-sample_webpack_1  ... done
Removing rails-sample_spring_1   ... done
Removing rails-sample_db_1       ... done
Removing network rails-sample_default
Removing volume rails-sample_db-data
Removing volume rails-sample_spring-tmp
$ docker-compose up --build -d
Creating network "rails-sample_default" with the default driver
Creating volume "rails-sample_db-data" with default driver
Creating volume "rails-sample_spring-tmp" with default driver
Building app

                        ...中略...
```

```
Creating rails-sample_spring_1    ... done
Creating rails-sample_db_1        ... done
Creating rails-sample_webpack_1   ... done
Creating rails-sample_app_1       ... done
$ docker-compose logs -f app db
Attaching to rails-sample_app_1, rails-sample_db_1

                        ...中略...

db_1      | 2019-03-16T08:21:08.100232Z 0 [System] [MY-010116] [Server] /usr/sbin/mysqld (mysqld
8.0.15) starting as process 1
db_1      | 2019-03-16T08:21:08.393629Z 0 [Warning] [MY-010068] [Server] CA certificate ca.pem
is self signed.
db_1      | 2019-03-16T08:21:08.395831Z 0 [Warning] [MY-011810] [Server] Insecure configuration
for --pid-file: Location '/var/run/mysqld' in the path is accessible to all OS users. Consider
choosing a different directory.
db_1      | 2019-03-16T08:21:08.407595Z 0 [System] [MY-010931] [Server] /usr/sbin/mysqld: ready
for connections. Version: '8.0.15'  socket: '/var/run/mysqld/mysqld.sock'  port: 3306  MySQL
Community Server - GPL.
db_1      | 2019-03-16T08:21:08.554176Z 0 [System] [MY-011323] [Server] X Plugin ready for
connections. Socket: '/var/run/mysqld/mysqlx.sock' bind-address: '::' port: 33060
```

Chapter3-3-5にあるPostgreSQLの手順が実行済みの場合、scaffoldが既に作成されているので`rake db:migrate`のみを実行します。

コマンド3-3-6-3

```
$ docker-compose run --rm spring rake db:migrate
== 20190316081741 CreateArticles: migrating ====================================
-- create_table(:articles)
   -> 0.0167s
== 20190316081741 CreateArticles: migrated (0.0170s) ===========================

Mac-mini:02-rails-05-05 moby-d$
```

データベースにテーブルが作成されていることを確認します。

コマンド3-3-6-4

```
$ docker-compose exec db mysql -prails-example-app railssample_development
mysql: [Warning] Using a password on the command line interface can be insecure.
Reading table information for completion of table and column names
You can turn off this feature to get a quicker startup with -A

Welcome to the MySQL monitor.  Commands end with ; or \g.
Your MySQL connection id is 13
Server version: 8.0.15 MySQL Community Server - GPL

Copyright (c) 2000, 2019, Oracle and/or its affiliates. All rights reserved.

Oracle is a registered trademark of Oracle Corporation and/or its
affiliates. Other names may be trademarks of their respective
owners.

Type 'help;' or '\h' for help. Type '\c' to clear the current input statement.

mysql> SHOW TABLES;
+----------------------------------+
| Tables_in_railssample_development |
+----------------------------------+
| ar_internal_metadata             |
| articles                         |
| schema_migrations                |
+----------------------------------+
3 rows in set (0.00 sec)

mysql> \q
Bye
```

これでMySQLを使った構成で動作させることができました。

Chapter 4

第三者が配布している Docker環境を カスタマイズする

本章では、第三者が配布している既存のDocker環境をカスタマイズする例として、ディープラーニング（Deep Learning,深層学習）の環境をNVIDIA Dockerで動かす手順を解説します。
ディープラーニングの界隈では、Jupyter Notebookが有名で広く用いられています。これをベースとしたGoogleのColaboratoryなども、機械学習のエンジニアや研究者で活用されている方も多いのではないでしょうか？ Jupyter Notebookの開発元では、Jupyterアプリケーションの実行環境をDockerイメージとして配布しています。
ここではまず、このDockerイメージを使ってJupyter Notebookの後継として開発されているJupyterLabを動かしてみます。続けて、配布されているイメージを元にPyTorchを使える環境を構築し、NVIDIA DockerでGPUを使った学習処理を評価してみます。

4-1 JupyterLabの環境を作る

まずはJupyterLabの環境を構築する手順について解説します。

4-1-1 JupyterLabとは

JupyterLabは**Jupyter Notebook**の後継として開発されているWebベースのアプリケーションです。どちらのアプリケーションもProject Jupyterによって開発されています。

Project Jupyter：https://jupyter.org/

図4-1-1-1：Project Jupyter公式ページ

Jupyter NotebookはWebベースで動作する対話実行環境の一つです。PythonやRといった言語でコードを書きつつ、その結果をインタラクティブに可視化し、さらにMarkdownベースで解説を加えたりすることができます。これらの内容はノートブック（Notebook）と呼ばれる単位で一つのファイルに保存して共有することができ、共有先でもコードを編集したり実行できるようになっているのが特徴です。

Jupyter Notebook：
https://jupyter.readthedocs.io/en/latest/tryjupyter.html

図4-1-1-2：Jupyter Notebook

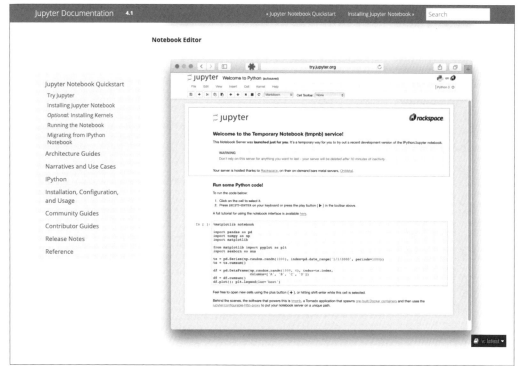

Jupyter Notebookは一つのノートブックのみを編集するUIになっていました。**JupyterLab**はUIが（さながら一つの統合開発環境のように）進化しており、一つの画面で複数のファイルを表示したり編集したりできるようになっています。

JupyterLab：
https://jupyterlab.readthedocs.io/en/latest/index.html

図 4-1-1-3：JupyterLab

これらの特徴から、**JupyterLab**や**Jupyter Notebook**はコードだけでなく結果の可視化や解説なども重視するような場面に適しています。機械学習といったデータサイエンスの領域で用いられることの多いツールの一つです。

4-1-2 前準備

前準備としてコンテナのホスト環境に作業用のディレクトリを用意してカレントディレクトリにします。以降はこのディレクトリがカレントディレクトリであることを想定して解説します。

コマンド 4-1-2-1

```
$ mkdir jupyterlab-sample
$ cd jupyterlab-sample
```

デフォルトではDocker Composeのプロジェクト名としてディレクトリ名が用いられます。これを変更するためには環境変数**COMPOSE_PROJECT_NAME**にプロジェクト名を設定しておくか、次のように環境変数の値をセットしたものを**.env**ファイルとして作成しておきます。

データ 4-1-2-1：.env

```
COMPOSE_PROJECT_NAME=jupyterlab-sample
```

4-1-3 Jupyter Docker Stacksについて

Project Jupyterでは、サービスを動かすための準備が整っている（ready-to-run）環境を**Jupyter Docker Stacks**として提供しています。まずはこれを動かしてみましょう。

Jupyter Docker Stacks:
https://jupyter-docker-stacks.readthedocs.io/en/latest/

Jupyter Docker Stacksでは用途別に複数のDockerイメージが提供されています。それぞれのイメージと、イメージの使い方については次のURLに説明があります。

https://jupyter-docker-stacks.readthedocs.io/en/latest/using/selecting.html
https://jupyter-docker-stacks.readthedocs.io/en/latest/using/common.html

説明によれば、docker runコマンドに引数を与えることでコンテナ環境をカスタマイズすることができます。執筆時点で提供されているオプションを次にまとめました。

表4-1-3-1：Jupyter Docker Stacksで利用できるオプション

オプション	意味
-e NB_USER=jovyan	コンテナ環境のユーザー名を変更する（デフォルトはjovyan）。これを指定する場合はdocker runに--user root -w /home/$NB_USER（$NB_USERは変更先のユーザー名）を指定しなければならない。
-e NB_UID=1000	コンテナ環境ユーザーのユーザーIDを変更する（デフォルトは1000）。ホスト環境ディレクトリをマウントする際に使うと、ホスト環境のユーザーとアクセス権を揃えることができる。これを指定する場合はdocker runに--user rootを指定しなければならない。代わりにDockerが用意している--userを使うこともできる。
-e NB_GID=100	コンテナ環境ユーザーのプライマリグループを変更する（デフォルトは100）。ホスト環境ディレクトリをマウントする際に使うと、ホスト環境のユーザーとアクセス権を揃えることができる。これを指定する場合はdocker runに--user rootを指定しなければならない。代わりにDockerが用意している--group-addを使うこともできる。
-e NB_GROUP=\<name\>	$NB_GIDで指定したグループのグループ名を指定することができる。
-e NB_UMASK=\<umask\>	コンテナ環境で作成されるファイルのumaskを設定する。
-e CHOWN_HOME=yes	起動時にホームディレクトリの所有者を$NB_UIDと$NB_GIDに変更する。これは-vオプションでホスト環境のディレクトリをマウントしている場合も実行される。デフォルトでは変更は再帰的に処理されない。再帰的に変更する場合はchownに与えるオプションを-e CHOWN_HOME_OPTS='-R'のように指定すればよい。
-e CHOWN_EXTRA="\<some dir\>,\<some other dir\>"	カンマ区切りで指定されたディレクトリの所有者を$NB_UIDと$NB_GIDに変更する。chownに与えるオプションを-e CHOWN_EXTRA_OPTS='-R'のように設定できる。
-e GRANT_SUDO=yes	NB_USERのユーザーがパスワードなしでsudoできるようにする。OSのパッケージをインストールしたりする際に有用。これを指定しなくてもpipやcondaでパッケージをインストールすることはできる。これを指定する場合はdocker runに--user rootを指定しなければならない。
-e GEN_CERT=yes	自己署名証明書を生成し、HTTPS接続できるように設定する。
-e JUPYTER_ENABLE_LAB=yes	jupyter notebookではなくjupyter labを実行するように指定する。コマンドライン設定を変更するよりも環境変数を設定するほうが簡単な場合に有用。
-v /some/host/folder/for/work:/home/jovyan/work	ホスト環境ディレクトリをコンテナ内部にマウントする。
--user 5000 --group-add users	コンテナを指定されたユーザーIDで実行し、このユーザーをusersグループに追加して必要なディレクトリの変更権限を付与する。これまで$NB_UIDや$NB_GIDを使っていた設定を置き換えるもの。

4-1-4 JupyterLabのコンテナを構成する

さっそくDocker Composeを使って**Jupyter Docker Stacks**のコンテナを立ち上げてみましょう。コンテナを立ち上げることは**docker run**だけでも可能ですが、後述するユーザー情報を設定したりしていると、どうしてもオプションの指定が長くなってしまいます。必要なオプションをComposeファイルに設定しておくことで、コンテナの管理を簡単にすることができます。

まずはJupyterLabの環境を動かすために必要な最低限の設定を用意します。**docker-compose.yml**を次の内容で作成します。

データ4-1-4-1：docker-compose.yml

```yaml
version: "3"

services:
  # JupyterLab環境
  jupyter:
    image: jupyter/datascience-notebook:65761486d5d3

    command: start.sh jupyter lab

    ports:
      - 8888:8888

    working_dir: /home/jovyan/work

    volumes:
      - .:/home/jovyan/work
```

ここではイメージに**jupyter/datascience-notebook**を使うことにします。また、タグには執筆時点で最新の**65761486d5d3**を指定しています。デフォルトの**latest**ではなく特定バージョンに紐付いたタグを指定することで、常に同じイメージ（環境）が取得されるようにしています。イメージで指定できるタグの一覧は次のURLから調べることができます。

https://hub.docker.com/r/jupyter/datascience-notebook/tags/

コマンドの設定では、スタートアップスクリプトの**start.sh**を経由して**jupyter lab**コマンドでJupyterLabが立ち上がるように指定しています。イメージのデフォルトでは**start-notebook.sh**が指定されており、環境変数**JUPYTER_ENABLE_LAB**が指定されていなければ**jupyter notebook**コマンドでJupyter Notebookが立ち上がるようになっています。

portsの設定ではデフォルトで待ち受けている**8888**番ポートを公開するように設定しています。

working_dirの設定と**volumes**の設定では、ホスト環境のカレントディレクトリをコンテナ環境の**work**ディレクトリにマウントしています。ここにある**/home/jovyan**はコンテナ環境で用意されているデフォルトユーザー（**jovyan**）のホームディレクトリです。

ここまでの設定ができたら、いったんコンテナの動作を確認してみます。**docker-compose up**コマンドでサービス（コンテナ）を立ち上げます。

コマンド4-1-4-1

```
$ docker-compose up
Creating network "jupyterlab-sample_default" with the default driver
Pulling jupyter (jupyter/datascience-notebook:65761486d5d3)...
65761486d5d3: Pulling from jupyter/datascience-notebook
a48c500ed24e: Pull complete

                            ...中略...

7acaecc285ed: Pull complete
Creating jupyterlab-sample_jupyter_1 ... done
Attaching to jupyterlab-sample_jupyter_1
jupyter_1  | Executing the command: jupyter lab
jupyter_1  | [I 06:33:41.544 LabApp] Writing notebook server cookie secret to /home/jovyan/.local/share/jupyter/runtime/notebook_cookie_secret
jupyter_1  | [I 06:33:42.266 LabApp] JupyterLab extension loaded from /opt/conda/lib/python3.7/site-packages/jupyterlab
jupyter_1  | [I 06:33:42.266 LabApp] JupyterLab application directory is /opt/conda/share/jupyter/lab
jupyter_1  | [W 06:33:42.268 LabApp] JupyterLab server extension not enabled, manually loading...
jupyter_1  | [I 06:33:42.272 LabApp] JupyterLab extension loaded from /opt/conda/lib/python3.7/site-packages/jupyterlab
jupyter_1  | [I 06:33:42.272 LabApp] JupyterLab application directory is /opt/conda/share/jupyter/lab
jupyter_1  | [I 06:33:42.273 LabApp] Serving notebooks from local directory: /home/jovyan/work
jupyter_1  | [I 06:33:42.273 LabApp] The Jupyter Notebook is running at:
jupyter_1  | [I 06:33:42.273 LabApp] http://(22d39364210b or 127.0.0.1):8888/?token=87b05850c0cc317b24efe006855d1a1d1e247c7185ddcc61
```

```
jupyter_1  | [I 06:33:42.273 LabApp] Use Control-C to stop this server and shut down all kernels
(twice to skip confirmation).
jupyter_1  | [C 06:33:42.277 LabApp]
jupyter_1  |
jupyter_1  |     To access the notebook, open this file in a browser:
jupyter_1  |         file:///home/jovyan/.local/share/jupyter/runtime/nbserver-7-open.html
jupyter_1  |     Or copy and paste one of these URLs:
jupyter_1  |         http://(22d39364210b or 127.0.0.1):8888/?token=87b05850c0cc317b24efe006855d
1a1d1e247c7185ddcc61
```

JupyterLab環境が立ち上がりました。ログの内容からもわかるとおり、デフォルトの設定ではトークンベースの認証が有効になっています。

アクセスに必要なトークンは、ログに出力されているURLの**token=**から右側の部分です（この例では**87b05850c0cc317b24efe006855d1a1d1e247c7185ddcc61**）。

サービスが動作していることを確認するため、ホスト環境のブラウザから**http://localhost:8888/**にアクセスしてみましょう。次図のような認証画面が表示されたらOKです。

図4-1-4-1：JupyterLabの認証画面

この画面からトークンを送信することで先に進むことができますが、追加の設定をするためにサービス（コンテナ）を停止させておきます。

サービスを停止するためには**CTRL-C**をタイプするか、別のシェルから**docker-compose stop**を実行します。ログには「**Use Control-C to stop this server**」と出力されていますが、実際には**CTRL-C**のキー入力はDocker Composeのプロセスへ送られていることに注意してください。

コマンド4-1-4-2

```
^CGracefully stopping... (press Ctrl+C again to force)
Stopping jupyterlab-sample_jupyter_1 ... done
```

4-1-5 コンテナ環境のユーザー情報を設定する

Dockerを動かしているホスト環境がLinux環境の場合、コンテナ内部で実行されるプロセスのユーザー情報を設定したほうが良いでしょう。コンテナ環境のユーザー情報をホスト環境のログインユーザーと揃えることで、ホスト環境のディレクトリをマウントした場合のファイルアクセス（特に書き込み）がしやすくなります。

ホスト環境でログインしているユーザーの情報については、ホスト環境のシェルから**id**コマンドを実行して調べることができます。

コマンド4-1-5-1

```
$ id
uid=1000(ubuntu) gid=1000(ubuntu) groups=1000(ubuntu),4(adm),20(dialout),24(cdrom),25(floppy),27
(sudo),29(audio),30(dip),44(video),46(plugdev),109(netdev),110(lxd),999(docker)
```

Mac環境やWindows環境などでは、実行ユーザーに関する設定は不要です。Docker for Desktopで仮想マシンを経由している場合、マウントするディレクトリには適切なアクセス権が設定されているようです。

前述のオプションの説明にあるとおり、Jupyter Docker Stacksではコンテナ環境で動作するユーザー情報をカスタマイズすることができます。ここでは次の2通りの方法を紹介します。

- 環境変数から設定する
- Dockerのオプションから実行ユーザーIDを指定する

環境変数から設定する

まずは環境変数からユーザー情報を設定する方法を紹介します。Docker Composeファイルの Version 3系列では**--group-add**に相当するオプション（**group_add**）が削除されているため、この方法で設定する必要があります。
docker-compose.ymlに次の設定を追加変更します。デフォルトで用意されているユーザー jovyanのUIDは1000なので、例としては異なる値の1001を指定しました。

データ4-1-5-1：docker-compose.yml（追加）

```yaml
##追加箇所と関係ない部分は省略

ser vices:
  jupyter:
    #ユーザー情報を変更するので、rootユーザーで立ち上がるようにする
    user: root

    #これらの値をホスト環境のログインユーザーと合わせておくこと
    environment:
      - NB_UID=1001
      - NB_GID=1001
      - CHOWN_HOME=yes
```

これらの環境変数はJupyter Docker Stacksが用意しているスタートアップスクリプト（コンテナ内の**/usr/local/bin/start.sh**）で処理されています。ここで**NB_UID**といった環境変数が上書きされていれば、ユーザー情報やファイルのアクセス権が適切に設定されるようになっています。これらの環境変数を使っているので、コンテナのプログラムはrootユーザーで立ち上げる必要があります。Composeファイルのコメントにもあるとおり、「**--user root**」の設定に相当する「**user: root**」を設定しています。

ここでは**NB_USER**を設定してユーザー名を変更するところまではしていません。スタートアップスクリプトではデフォルトで用意されているホームディレクトリの名前を変更する処理があるのですが、ホームディレクトリの下にボリュームをマウントしていると処理がスキップされるようです。後の手順でホームディレクトリのファイルが必要になってくるので、ここではデフォルトのユーザー名を使うようにしています。

この設定からdocker-compose runを実行してコンテナを立ち上げ、ユーザー情報を確認してみます。

コマンド4-1-5-2

```
$ docker-compose run --rm jupyter start.sh bash
Set username to: jovyan
usermod: no changes
Changing ownership of /home/jovyan to 1001:1001 with options ''
Set jovyan UID to: 1001
Add jovyan to group: 1001
Executing the command: bash
jovyan@a13124965aaf:~/work$ id
uid=1001(jovyan) gid=1001(jovyan) groups=1001(jovyan),100(users)
jovyan@a13124965aaf:~/work$ ls -al ~
total 12
drwsrwsr-x 1 jovyan jovyan  138 Apr  1 16:48 .
drwxr-xr-x 1 root   root     12 Mar 14 02:54 ..
-rw-rw-r-- 1 jovyan jovyan  220 Apr  4  2018 .bash_logout
-rw-rw-r-- 1 jovyan jovyan 3770 Mar 14 02:54 .bashrc
drwsrwsr-x 1 jovyan jovyan   20 Apr  1 15:09 .cache
drwsrwsr-x 1 jovyan jovyan   40 Mar 14 02:57 .conda
drwsrws--- 1 jovyan jovyan   42 Apr  1 15:09 .config
drwsrwsr-x 1 jovyan jovyan    0 Apr  1 15:02 .empty
drwsrws--- 1 jovyan jovyan   52 Apr  1 14:06 .jupyter
-rw-rw-r-- 1 jovyan jovyan  807 Apr  4  2018 .profile
drwxrwxr-x 1 jovyan jovyan   44 Apr  6 07:19 work
drwsrwsr-x 1 jovyan jovyan    6 Apr  1 14:04 .yarn
jovyan@a13124965aaf:~/work$ exit
exit
```

スタートアップスクリプトで、ユーザー情報とアクセス権が適切に変更されていることがわかります。

Dockerのオプションから実行ユーザーIDを指定する

続いてDockerのオプションから実行ユーザーIDを指定する方法を紹介します。コンテナで立ち上げるプロセスのユーザーIDやグループIDは**docker run**の**--user**オプションから指定することができます。この場合は**group_add**を設定する必要があるため、Docker ComposeファイルのVersion 2系列を使う必要があります。

docker-compose.ymlに次の設定を追加変更します。グループに**users**を追加しておくことがポイントです。

データ4-1-5-2：docker-compose.yml（追加）

```yaml
#バージョンに2を指定する
version: "2"

##追加箇所と関係ない部分は省略

services:
  jupyter:
    # userで指定するUIDをホスト環境のログインユーザーと合わせておくこと
    user: "1001"

    group_add:
      - users
```

ここで指定するユーザーIDはコンテナ環境の中にあるユーザーであることに注意してください。上述の設定例にあるように、**user**設定にはホスト環境ユーザーの（文字列ではなく数値の）UIDを文字列の値として与える必要があります。

この設定で**docker-compose run**を使ってコンテナを立ち上げ、ユーザー情報を確認してみます。

コマンド4-1-5-3

```
$ docker-compose run --rm jupyter start.sh bash
Adding passwd file entry for 1001
Executing the command: bash
jovyan@15a68b46fe84:~/work$ id
uid=1001(jovyan) gid=0(root) groups=0(root),100(users)
jovyan@15a68b46fe84:~/work$ ls -al ~
total 12
drwsrwsr-x 1 nayvoj users  138 Apr  1 16:48 .
drwxr-xr-x 1 root   root    12 Mar 14 02:54 ..
-rw-rw-r-- 1 nayvoj users  220 Apr  4  2018 .bash_logout
-rw-rw-r-- 1 nayvoj users 3770 Mar 14 02:54 .bashrc
drwsrwsr-x 1 nayvoj users   20 Apr  1 15:09 .cache
drwsrwsr-x 1 nayvoj users   40 Mar 14 02:57 .conda
drwsrws--- 1 nayvoj users   42 Apr  1 15:09 .config
drwsrwsr-x 1 nayvoj users    0 Apr  1 15:02 .empty
drwsrws--- 1 nayvoj users   52 Apr  1 14:06 .jupyter
```

```
-rw-rw-r-- 1 nayvoj users  807 Apr  4  2018 .profile
drwxrwxr-x 1 jovyan 1001    44 Apr  6 07:19 work
drwsrwsr-x 1 nayvoj users    6 Apr  1 14:04 .yarn
jovyan@15a68b46fe84:~/work$ id nayvoj
uid=1000(nayvoj) gid=100(users) groups=100(users)
jovyan@15a68b46fe84:~/work$ exit
exit
```

この場合、スタートアップスクリプトで新しいユーザー情報が追加されているようです。また、**CHOWN_HOME**を設定しなかったので、既存のファイルの所有者は古いユーザーIDのままになっています。既存のファイルであっても**users**グループは書き込めるようになっているので、ファイルの作成などは問題なく行えるようになっています。

ここではグループIDを揃えるところまではしていませんでした。そのため、**work**ディレクトリの所有グループが（この例ではホスト環境で設定されているグループの）**1001**と数値のままになっています。**--user**オプションではユーザーIDに加えてグループIDも含めて"**{UID}:{GID}**"のように指定することもできますが、執筆時点のイメージではコンテナに存在しないグループIDを指定するとうまく動作しないようです。

以降の手順では、この**group_add**を使う設定をベースに進めます。

4-1-6 認証情報を固定する

続いて認証情報が固定されるようにします。先の手順で立ち上げた環境では、認証情報であるトークンは自動生成された値が使われるようになっています。トークンはログに出力されていますが、これを都度確認するのは手間がかかります。また、環境を立ち上るたびに値が変わってしまう問題もあります。

Dockerコンテナの立ち上げ時に設定を与えることで、認証情報を固定することができます。JupyterLabやJupyter Notebookでは、認証情報を設定する方法としてトークンとパスワードの二通りが提供されています。

トークン認証を設定する場合

トークンを設定する場合、次のように**docker-compose.yml**の**command**設定へ引数を追加します。

データ4-1-6-1：docker-compose.yml（追加）

```
##変更箇所と関係ない部分は省略

services:
  jupyter:
    command: >-
      start.sh jupyter lab
      --NotebookApp.token=87b05850c0cc317b24efe006855d1a1d1e247c7185ddcc61
```

ここでは前のログに出力されていたトークンを使い回しました。Jupyter Docker Stacksのイメージには**openssl**コマンドが含まれているので、次のコマンドで生成したランダム値をトークンに使ってもよいでしょう。

コマンド4-1-6-1

```
$ docker-compose run --rm jupyter openssl rand -hex 24
210a31b6064e24cb412a9567d6572ea92eb871fcb04a7f20
```

動作を確認するために**docker-compose up**でサービス（コンテナ）を立ち上げます。前述の例とは異なり、トークンの値がマスクされていることに注意してください。

コマンド4-1-6-2

```
$ docker-compose up
Recreating jupyterlab-sample_jupyter_1 ... done
Attaching to jupyterlab-sample_jupyter_1
jupyter_1  | Executing the command: jupyter lab --NotebookApp.token=87b05850c0cc317b24efe006855d
1a1d1e247c7185ddcc61

                         ...中略...

jupyter_1  | [I 08:05:28.710 LabApp] The Jupyter Notebook is running at:
jupyter_1  | [I 08:05:28.710 LabApp] http://(1dd2c3160980 or 127.0.0.1):8888/?token=...
jupyter_1  | [I 08:05:28.710 LabApp] Use Control-C to stop this server and shut down all kernels
(twice to skip confirmation).
```

設定に使ったトークンを用いてブラウザからアクセスします。この場合のURLは**http://localhost:8888/?token=87b05850c0cc317b24efe006855d1a1d1e247c7185ddcc61**になります。認証をパスしてワークスペースが表示されたらOKです。

図4-1-6-1：JupyterLabのワークスペース

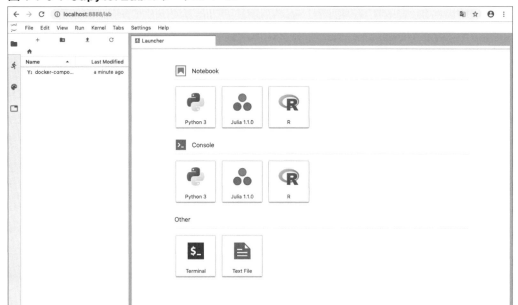

パスワード認証を設定する場合

パスワードを設定する場合、あらかじめ次のコマンドでパスワードをエンコードしておきます。ここではパスワードとして「**secret**」を使うようにしました。

コマンド4-1-6-3

```
$ docker-compose exec jupyter python3 -c 'import IPython; print(IPython.lib.passwd("secret"))'
sha1:8345a7533e93:c96cc038ba00386b56f6d5cc050b1b8234d4bd5d
```

パスワードはハッシュ化されていますが、（前述の例のような）単純なパスワードではトークンよりも脆弱になってしまうことに注意してください。
この生成された値が設定されるように、次のように**docker-compose.yml**の**command**設定へ引数を追加します。

データ4-1-6-2：docker-compose.yml（修正）

```
## 変更箇所と関係ない部分は省略

services:
  jupyter:
    # パスワードは `secret`
    command: >-
      start.sh jupyter lab
      --NotebookApp.password=sha1:8345a7533e93:c96cc038ba00386b56f6d5cc050b1b8234d4bd5d
$ docker-compose up
Recreating jupyterlab-sample_jupyter_1 ... done
Attaching to jupyterlab-sample_jupyter_1
jupyter_1  | Executing the command: jupyter lab --NotebookApp.password=sha1:8345a7533e93:c96cc03
8ba00386b56f6d5cc050b1b8234d4bd5d

...中略...

jupyter_1  | [I 08:06:30.216 LabApp] The Jupyter Notebook is running at:
jupyter_1  | [I 08:06:30.216 LabApp] http://(51a0e281171b or 127.0.0.1):8888/
jupyter_1  | [I 08:06:30.216 LabApp] Use Control-C to stop this server and shut down all kernels
 (twice to skip confirmation).
```

ブラウザから**http://localhost:8888/**へアクセスすると、次のように認証画面が表示されます。

図4-1-6-2：JupyterLabの認証画面

認証画面からパスワードを入力して送信します。認証をパスしてワークスペースが表示されたらOKです。

4-2 PyTorchが使えるようにする

前節の手順でJupyterLabの環境を動かすことができました。続いて、この環境を元にして**PyTorch**が使えるコンテナ環境を構築していきます。

4-2-1 PyTorchとは

PyTorchはオープンソースの機械学習プラットフォームの一つです。Pythonで動作するライブラリとして提供されており、コードの書きやすさや使いやすさとパフォーマンスのバランスの良さから人気が高まってきています。

　PyTorchのWebサイト：https://pytorch.org/

図4-2-1-1：PyTorchの公式ページ

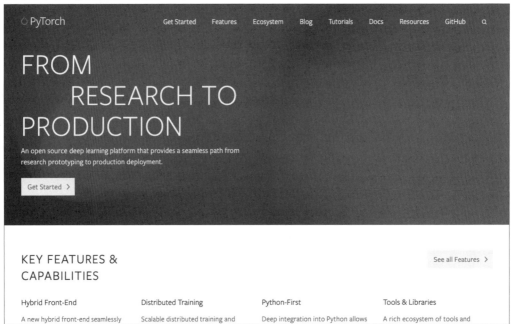

4-2-2 ビルドされたイメージを使うようにする

Chapter4-1の手順で作成したディレクトリとDocker Composeファイルを元に、ローカル環境でビルドされたイメージを使うようにします。

docker-compose.ymlファイルを次の内容で作成しておきます。

データ4-2-2-1：docker-compose.yml

```yaml
version: "2"

services:
  # JupyterLab環境
  jupyter:
    build: .

    # パスワードは `secret`
    command: >-
      start.sh jupyter lab
      --NotebookApp.password=sha1:8345a7533e93:c96cc038ba00386b56f6d5cc050b1b8234d4bd5d

    ports:
      - 8888:8888

    # DataLoaderなどが使う共有メモリのサイズを増やしておく
    shm_size: 4G

    working_dir: /home/jovyan/work

    volumes:
      - .:/home/jovyan/work

    # userで指定するUIDをホスト環境のログインユーザーと合わせておくこと
    user: "1000"

    group_add:
      - users
```

ここではビルドに必要なbuild設定をimage設定の代わりに指定しています。また、**PyTorch**はプロセス間通信で共有メモリを使うので、このサイズも十分なものに増やしておきます。

ビルドの手順となる**Dockerfile**を次の内容で作成しておきます。

データ4-2-2-2：Dockerfile
```
FROM jupyter/datascience-notebook:65761486d5d3
```

ここでは、先の手順で用いた**jupyter/datascience-notebook:65761486d5d3**をベースイメージとして使うように指定しています。

イメージは**docker-compose build**でビルドできます。

コマンド4-2-2-1
```
$ docker-compose build
Building jupyter
Step 1/1 : FROM jupyter/datascience-notebook:65761486d5d3
 ---> b7727d5d58e0
Successfully built b7727d5d58e0
Successfully tagged jupyterlab-sample_jupyter:latest
```

4-2-3 ベースになっているイメージを確認しておく

ビルドの手順はベースとなっているイメージが使っているLinuxディストリビューションによって異なります。そのため、先にディストリビューションを確認しておきます。**Jupyter Docker Stacks**は複数のイメージを提供しているので、ディストリビューションを確認するためにはイメージの親子関係を順にたぐっていく必要がありそうです。

次のURLにある解説によれば、今回使っている**jupyter/datascience-notebook**（上から5段目、左から2番目のイメージ）は派生イメージの一つで、これらのイメージは**jupyter/base-notebook**（上から2段目のイメージ）を共有していて、その大本のイメージは**ubuntu**（最上段のイメージ）であることがわかります。

> https://jupyter-docker-stacks.readthedocs.io/en/latest/using/selecting.html

図4-2-3-1：イメージの関係図

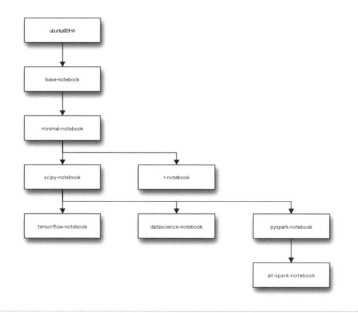

そこで、Docker HubやGitHubから**jupyter/base-notebook**のDockerfileを確認してみます。

　　https://hub.docker.com/r/jupyter/base-notebook/dockerfile
　　https://github.com/jupyter/docker-stacks/blob/65761486d5d3875b6090e49e8a9a7fb208a50d75/base-notebook/Dockerfile

執筆時点のイメージはFROM命令の内容が次のようになっており、Ubuntu 18.04をベースにしていることがわかります。

データ4-2-3-1:Dockerfile
```
# Ubuntu 18.04 (bionic) from 2018-05-26
# https://github.com/docker-library/official-images/commit/aac6a45b9eb2bffb8102353c350d341a410fb169
ARG BASE_CONTAINER=ubuntu:bionic-20180526@sha256:c8c275751219dadad8fa56b3ac41ca6cb22219ff117ca98fe82b42f24e1ba64e
FROM $BASE_CONTAINER
```

実際にコンテナ環境からも確認してみます。次のように**docker-compose run**経由で**/etc/lsb-release**の内容を表示してみます。

コマンド4-2-3-1
```
$ docker-compose run --rm jupyter bash
jovyan@f5de5f9d3140:~/work$ cat /etc/lsb-release
DISTRIB_ID=Ubuntu
DISTRIB_RELEASE=18.04
DISTRIB_CODENAME=bionic
DISTRIB_DESCRIPTION="Ubuntu 18.04.1 LTS"
jovyan@f5de5f9d3140:~/work$
```

こちらの結果からも、**Ubuntu 18.04 LTS**（のポイントリリースであるUbuntu 18.04.1 LTS）がベースになっていることが確認できます。

続けてPythonのバージョンも確認しておきます。

コマンド4-2-3-2
```
jovyan@f5de5f9d3140:~/work$ which python
/opt/conda/bin/python
jovyan@f5de5f9d3140:~/work$ python --version
Python 3.7.1
jovyan@f5de5f9d3140:~/work$ conda list '^python$'
# packages in environment at /opt/conda:
#
# Name                    Version                   Build  Channel
```

```
python                      3.7.1           h381d211_1003    conda-forge
jovyan@f5de5f9d3140:~/work$ exit
exit
```

Jupyter Docker Stacksでは、Pythonの環境はベースイメージのLinuxディストリビューション（Ubuntu）ではなく、**Anaconda**が提供するものを用いています。Anacondaは（アプリケーション環境の）ディストリビューションの一つで、機械学習といったデータサイエンス寄りの分野での利用に適しているのが特徴です。

　Anaconda：https://www.anaconda.com/

図4-2-3-2：AnacondaのWebサイト

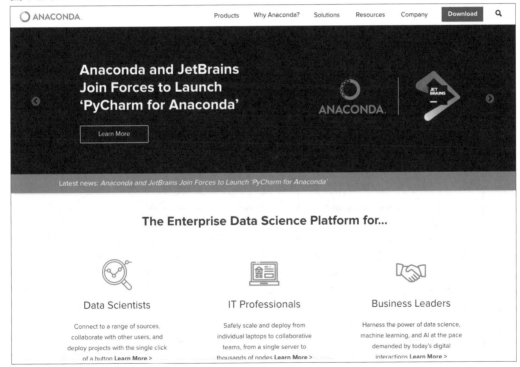

Anacondaでは環境を管理するためのCUIがcondaコマンドとして提供されています。これを用いてインストール済みのパッケージを調べたり、新しい環境を作成したり、既存の環境にパッケージをインストールすることができます。

4-2-4 PyTorchをインストールしたイメージをビルドする

ベースになっている環境が確認できたところで、PyTorchをインストールしていきます。

前述したとおり、Jupyter Docker StacksではAnacondaを使って環境が構築されています。そのため、基本的にパッケージの追加には**conda**コマンドを使うようにします。Anacondaで提供されていないPythonパッケージもあり、その場合は他の方法で追加する必要があります。PyPI (Python Package Index)で提供されていれば、Anaconda環境（のPythonパッケージ）に含まれている**pip**コマンドでインストールすることもできます。

Dockerfileに次のステップを追加して、PyTorch関係のパッケージがインストールされるようにします。

データ4-2-4-1：Dockerfile（追加）

```
RUN conda install -y pytorch-cpu=1.0.1 torchvision-cpu=0.2.2 -c pytorch

RUN pip install torchsummary==1.5.1
```

まず**conda**コマンドで**pytorch-cpu**、**torchvision-cpu**をインストールしています。このコマンドは次のURL先で確認できるコマンドをベースにしています。

https://pytorch.org/get-started/local/

図4-2-4-1：PyTorchのインストール手順

続くpipコマンドでtorchsummaryパッケージをインストールしています。これはPyTorchのモデル情報をKerasのmodel.summary()に近い形で表示するパッケージです。

変更した内容を確認するために、`docker-compose up --build`でイメージをビルドしなおしてからサービスを立ち上げます。

コマンド4-2-4-1

```
$ docker-compose up --build
Building jupyter
Step 1/3 : FROM jupyter/datascience-notebook:65761486d5d3
 ---> b7727d5d58e0
Step 2/3 : RUN conda install -y pytorch-cpu=1.0.1 torchvision-cpu=0.2.2 -c pytorch
 ---> Running in ed88dc80b1ef
Collecting package metadata: ...working... done
Solving environment: ...working... done

                          ...中略...

The following NEW packages will be INSTALLED:

  intel-openmp       pkgs/main/linux-64::intel-openmp-2019.3-199
  mkl                pkgs/main/linux-64::mkl-2019.3-199
```

```
  ninja              conda-forge/linux-64::ninja-1.9.0-h6bb024c_0
  pytorch-cpu        pytorch/linux-64::pytorch-cpu-1.0.1-py3.7_cpu_2
  torchvision-cpu    pytorch/noarch::torchvision-cpu-0.2.2-py_3
```

...中略...

```
Removing intermediate container ed88dc80b1ef
 ---> 64017c2893e0
Step 3/3 : RUN pip install torchsummary==1.5.1
 ---> Running in b55ac8b39aaa
Collecting torchsummary==1.5.1
  Downloading https://files.pythonhosted.org/packages/7d/18/1474d06f721b86e6a9b9d7392ad68bed711a
02f3b61ac43f13c719db50a6/torchsummary-1.5.1-py3-none-any.whl
Installing collected packages: torchsummary
Successfully installed torchsummary-1.5.1
Removing intermediate container b55ac8b39aaa
 ---> 866b4755f886
Successfully built 866b4755f886
Successfully tagged jupyterlab-sample_jupyter:latest
Recreating jupyterlab-sample_jupyter_1 ... done
Attaching to jupyterlab-sample_jupyter_1
jupyter_1  | Executing the command: jupyter lab --NotebookApp.password=sha1:8345a7533e93:c96cc03
8ba00386b56f6d5cc050b1b8234d4bd5d
```

...中略...

```
jupyter_1  | [I 10:11:35.565 LabApp] The Jupyter Notebook is running at:
jupyter_1  | [I 10:11:35.565 LabApp] http://(3b3f6c446b89 or 127.0.0.1):8888/
jupyter_1  | [I 10:11:35.565 LabApp] Use Control-C to stop this server and shut down all kernels
 (twice to skip confirmation).
```

4-2-5 PyTorchが使えることを確認する

先ほどの手順で立ち上がったサービスにアクセスして、PyTorchが使えることを確認してみましょう。**http://localhost:8888**にアクセスします。認証を求められたらパスワードを入力して、ワークスペースまで進みます。

ワークスペースの「**Launcher**」タブから（Pythonなどの）環境を立ち上げることができます。ここでは最上段の「**Notebook**」にある「**Python 3**」をクリックします。

図4-2-5-1：JupyterLabのワークスペース

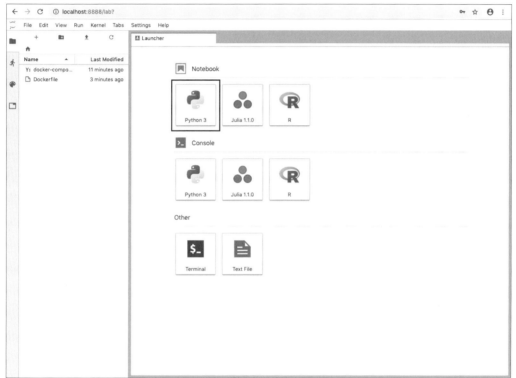

図4-2-5-2:新しく作成されたノートブック

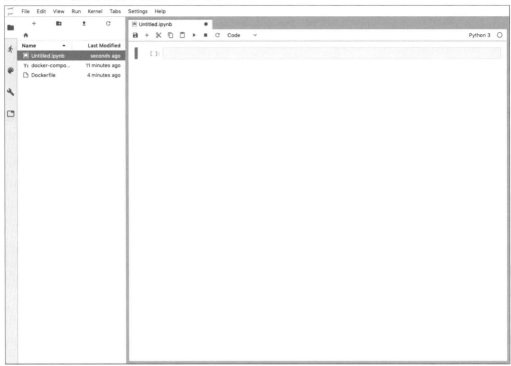

新しいノートブックが作成され、編集画面のタブが表示されました。編集画面にあるテキストボックス（セル）にコードを入力して実行することができます。ここに次のコードを入力します。

データ4-2-5-1:PyTorchのバージョンを確認するPythonコード

```
import torch
import torchvision
import torchsummary

torch.__version__
```

コードを入力してから**SHIFT+Enter**をタイプすると、入力されたコードが実行されます。

図4-2-5-3：ノートブックからPythonのコードを実行する

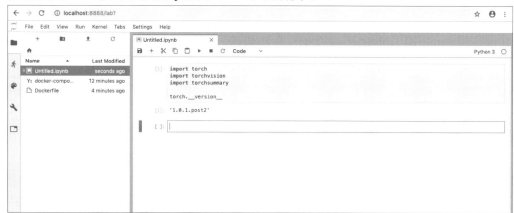

結果はコードの下に表示されます。ここではインストールした**PyTorch**のバージョンである'**1.0.1.post2**'が出力されました。

4-2-6 PyTorchのコードを動かしてみる

続けて**PyTorch**を使った簡単なコードを動かしてみましょう。PyTorchでは事前学習済みのモデルが用意されており、これを使って画像分類の処理を評価することができます。
ノートブックのファイル名を**predict-test.ipynb**に変更して、コードを順に入力して実行していきます。ここではセルを実行した際の出力を**docstring**として追記しました。
まず、モデルを用意します。

データ4-2-6-1：ResNet18のモデルを定義

```
import torchvision.models as models

model = models.resnet18(pretrained=True)

# このコード例では(CUDAが利用可能でも)CPUで動かしている
torchsummary.summary(model, input_size=(3, 224, 224), device="cpu")

r"""
```

```
Downloading: "https://download.pytorch.org/models/resnet18-5c106cde.pth" to /home/jovyan/.torch/
models/resnet18-5c106cde.pth
46827520.0 bytes
----------------------------------------------------------------
        Layer (type)               Output Shape         Param #
================================================================
            Conv2d-1         [-1, 64, 112, 112]           9,408
       BatchNorm2d-2         [-1, 64, 112, 112]             128

...中略...

Params size (MB): 44.59
Estimated Total Size (MB): 107.96
----------------------------------------------------------------
"""
```

初回のみ、この時点で事前学習済みのモデルがダウンロードされます。性能が良い環境では「**The notebook server will temporarily stop sending output to the client in order to avoid crashing it.**」のワーニングメッセージが表示されることがあります。メッセージにあるように設定を変更するのもよいですが、無視して続けても問題ありません。

図4-2-6-1：性能が良い環境で発生するワーニング

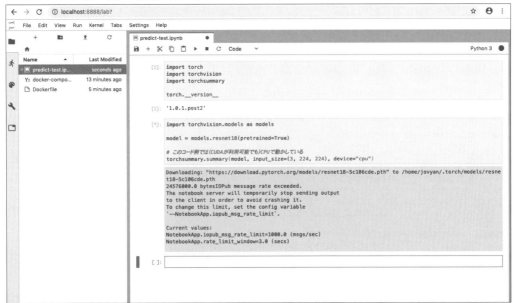

次にモデルを用いて画像を評価する関数を用意します。

データ4-2-6-2：画像を評価する関数

```
import numpy as np
import torchvision.transforms as transforms

transform = transforms.Compose([
    transforms.Resize(224),
    transforms.ToTensor(),
    transforms.Normalize(mean=[0.485, 0.456, 0.406], std=[0.229, 0.224, 0.225]),
])

def predict_image(image):
    model.eval()
    
    inputs = torch.unsqueeze(transform(image).float(), 0)
    
    output = model(inputs)
    
    scores = output.detach().numpy()[0]
    index = np.flip(scores.argsort()[-3:])
    
    return zip(index, scores[index])

r"""
(出力なし)
"""
```

ここで**transform**のパラメータに指定している値は、次のURL先にあるものに従いました。

　　https://pytorch.org/docs/stable/torchvision/models.html

評価関数であるモデルからの出力は、各々の分類クラス（0から999までの1000種類）に対しての確からしさ（スコア）になります。その上位3つを取り出し、判定結果（分類クラスとスコア）を用意します。
最終的な**predict_image()**の出力だけでは分類クラスは数値になっているので、事前学習で用いられているImageNetのラベルと突き合わせる必要があります。この情報は別のリポジトリで提供されているので、ダウンロードしてラベルのマッピングを用意しておきます。

次にラベルのマッピングに必要な情報を用意します。

データ4-2-6-3：マッピングに必要な情報をダウンロード

```
!wget -q -nc \
    https://raw.githubusercontent.com/Cadene/pretrained-models.pytorch/master/data/imagenet_classes.txt \
    https://raw.githubusercontent.com/Cadene/pretrained-models.pytorch/master/data/imagenet_synsets.txt

imagenet_classes = !cat imagenet_classes.txt
imagenet_synsets = !cat imagenet_synsets.txt

imagenet_synsets = {k: v for k, sep, v in [l.partition(' ') for l in imagenet_synsets]}

len(imagenet_classes), len(imagenet_synsets)

r"""
(1000, 1861)
"""
```

評価用の画像を用意します。

データ4-2-6-4：評価用の画像をダウンロード

```
!mkdir -p images
!wget -qNP images \
    https://upload.wikimedia.org/wikipedia/commons/4/4d/Cat_November_2010-1a.jpg \
    https://upload.wikimedia.org/wikipedia/commons/a/a0/Pineapple_and_backpack_%28Unsplash%29.jpg \
    https://upload.wikimedia.org/wikipedia/commons/1/15/Red_Apple.jpg \
    https://upload.wikimedia.org/wikipedia/commons/0/0e/Stipula_fountain_pen.jpg

!find images

r"""
images
images/Cat_November_2010-1a.jpg
images/Pineapple_and_backpack_(Unsplash).jpg
images/Red_Apple.jpg
images/Stipula_fountain_pen.jpg
"""
```

ここでは次のURL先にあるWikimedia Commonsの画像を用いました。

https://commons.wikimedia.org/wiki/File:Cat_November_2010-1a.jpg
https://commons.wikimedia.org/wiki/File:Pineapple_and_backpack_(Unsplash).jpg
https://commons.wikimedia.org/wiki/File:Red_Apple.jpg
https://commons.wikimedia.org/wiki/File:Stipula_fountain_pen.jpg

最後にモデルへ画像を与え、その結果を出力させます。

データ4-2-6-5：結果を出力させる

```
from PIL import Image

from glob import glob
from IPython.display import display

for f in sorted(glob('images/*.jpg')):
    image = Image.open(f)
    image = image.convert('RGB')

    results = predict_image(image)

    image.thumbnail((128, 128))
    display(image)

    print(f)
    for class_index, score in results:
        class_key = imagenet_classes[class_index]
        print(score, class_index, class_key, imagenet_synsets[class_key])
    print('----')

r"""
images/Cat_November_2010-1a.jpg
12.150208 281 n02123045 tabby, tabby cat
12.143345 282 n02123159 tiger cat
11.750703 285 n02124075 Egyptian cat
----

images/Pineapple_and_backpack_(Unsplash).jpg
20.066734 953 n07753275 pineapple, ananas
11.791717 944 n07718747 artichoke, globe artichoke
10.421897 956 n07760859 custard apple
----
```

```
images/Red_Apple.jpg
11.516341 948 n07742313 Granny Smith
11.057825 957 n07768694 pomegranate
9.154158 952 n07753113 fig
----

images/Stipula_fountain_pen.jpg
13.662623 563 n03388183 fountain pen
10.604084 418 n02783161 ballpoint, ballpoint pen, ballpen, Biro
8.836808 683 n03838899 oboe, hautboy, hautbois
----
"""
```

モデルを評価した結果のクラスを見てみると、それっぽく分類されていることが確認できます。

図4-2-6-2：JupyterLab-5

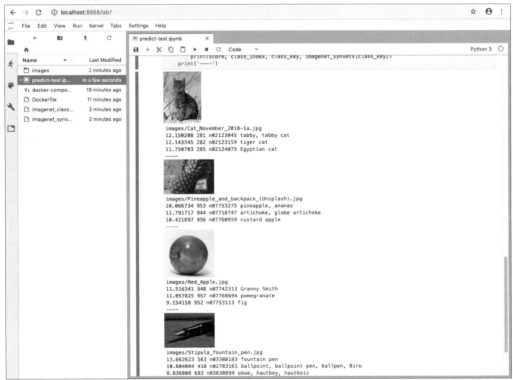

4-3 コンテナ環境でGPU（CUDA）が使えるようにする

Chapter4-2の手順でPyTorchが使える環境を用意できました。続いて、コンテナ環境でGPU（**CUDA**）が使えるようにしていきます。

4-3-1 CUDAとは

CUDAはNVIDIAが開発・提供しているツールキットで、GPGPU（**General-purpose computing on graphics processing units：GPU**を用いた汎用計算）のプラットフォームの一つです。CUDAを用いるようにプログラムを作成することで、CUDAに対応したNVIDIA製のGPUの上で並列計算を行うプログラムを動かすことができます。

　　CUDA Toolkit：https://developer.nvidia.com/cuda-toolkit

図4-3-1-1：CUDA Toolkit

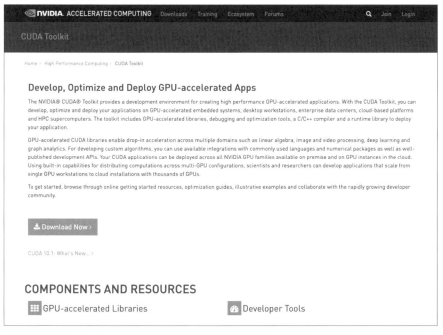

機械学習といった大量かつ並列度の高い計算を行う場合、GPUを使うことでCPUよりも高い性能を出すことができます。

GPUを使うためにはドライバをインストールしておく必要があります。これをホスト環境だけでなくコンテナ環境からも使うためには、一般的にはコンテナ環境の中でも同じドライバを入れておく必要があります。これは、ホスト環境ではドライバのコードがカーネルモードで動作しており、プログラムからデバイスにアクセスするライブラリ（soファイルなど）もカーネルモードのドライバに対応したものが必要であるためです。

ドライバの一部であるライブラリファイルをDockerイメージに含めてしまうと、イメージがどの環境でも使えるもの（ポータブル）でなくなってしまいます。また、配布の仕方によってはライセンス（再配布）の問題が発生するリスクもあります。

これら問題を解消するために、NVIDIAはDocker向けのプラグインであるNVIDIA Dockerを提供しています。これを使うことでドライバ関連のファイルをイメージに含める必要がなくなり、コンテナ環境でポータブルなCUDAアプリケーションを動作させることが簡単にできるようになります。

NVIDIA Docker：https://github.com/NVIDIA/nvidia-docker

図4-3-1-2：NVIDIA Docker

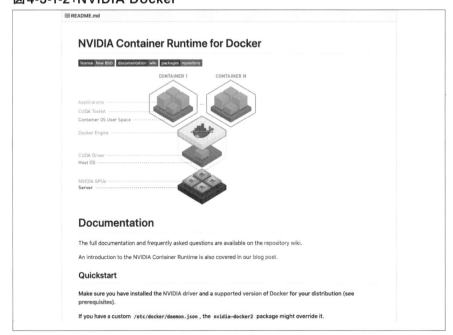

4-3-2 NVIDIA Dockerを使ってみる

それではNVIDIA Dockerを使ってみましょう。ここでは前述の手順で構築したJupyterLabとPyTorchの環境を使っていきます。

動作確認にはAWSの**GPUインスタンス（p3.2xlarge）**を用いました。OSが含まれているAMIには**Deep Learning Base AMI (Ubuntu) Version 17.0**を用いました。

https://aws.amazon.com/marketplace/pp/B077GCZ4GR

図4-3-2-1：Deep Learning Base AMI (Ubuntu)

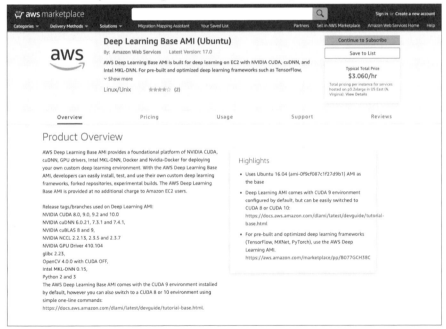

NVIDIA Dockerが使えることを確認する

まず、NVIDIA Dockerが使えるようになっていることを確認してみましょう。
NVIDIA Dockerを使うためには、`docker run`や`docker create`で`--runtime nvidia`オプションを指定するか、`docker`コマンドの代わりに`nvidia-docker`を使います。

コマンド4-3-2-1

```
$ nvidia-docker version
NVIDIA Docker: 2.0.3
Client:
 Version:           18.09.3
 API version:       1.39
 Go version:        go1.10.8
 Git commit:        774a1f4
 Built:             Thu Feb 28 06:40:58 2019
 OS/Arch:           linux/amd64
 Experimental:      false

Server: Docker Engine - Community
 Engine:
  Version:          18.09.2
  API version:      1.39 (minimum version 1.12)
  Go version:       go1.10.6
  Git commit:       6247962
  Built:            Sun Feb 10 03:42:13 2019
  OS/Arch:          linux/amd64
  Experimental:     false
```

コンテナ内部から**nvidia-smi**を実行して、GPUの状態を確認してみます。

コマンド4-3-2-2

```
$ docker run --runtime nvidia -e NVIDIA_VISIBLE_DEVICES=all -e NVIDIA_DRIVER_
CAPABILITIES=compute,utility -e NVIDIA_REQUIRE_CUDA="cuda>=9.0" --rm -it ubuntu:18.04 bash
root@63a865f11f15:/# which nvidia-smi
/usr/bin/nvidia-smi
root@63a865f11f15:/# nvidia-smi
Sat Apr  6 04:09:48 2019
+-----------------------------------------------------------------------------+
| NVIDIA-SMI 410.104      Driver Version: 410.104      CUDA Version: 10.0     |
|-------------------------------+----------------------+----------------------+
| GPU  Name        Persistence-M| Bus-Id        Disp.A | Volatile Uncorr. ECC |
| Fan  Temp  Perf  Pwr:Usage/Cap|         Memory-Usage | GPU-Util  Compute M. |
|===============================+======================+======================|
|   0  Tesla V100-SXM2...  On   | 00000000:00:1E.0 Off |                    0 |
| N/A   41C    P0    27W / 300W |      0MiB / 16130MiB |      0%      Default |
+-------------------------------+----------------------+----------------------+
```

```
+-----------------------------------------------------------------------------+
| Processes:                                                       GPU Memory |
|  GPU       PID   Type   Process name                             Usage      |
|=============================================================================|
|  No running processes found                                                 |
+-----------------------------------------------------------------------------+
root@63a865f11f15:/# exit
exit
```

上記のコマンドにあるとおり、NVIDIA Dockerでは環境変数からコンテナを設定する必要があります。CUDAを使うように構成されたイメージ（**nvidia/cuda**など）では適切に設定されているので不要ですが、他のイメージをベースにしている場合は必ず設定する必要があります。

NVIDIA_VISIBLE_DEVICESはコンテナ内部で見えるデバイスを指定するための環境変数です。この値にallを設定すると全てのデバイスがコンテナ環境からも見えるようになります。また、デバイス番号を0のように指定することで、特定のデバイスのみが見えるように設定することもできます。

NVIDIA_DRIVER_CAPABILITIESはドライバに要求する機能を設定するものです。CUDAを使う場合は**compute**、**utility**、NVIDIA Video Codec SDKを使う場合は**compute**、**video**、**utility**を設定する必要があります。

NVIDIA_REQUIRE_CUDAはホスト環境で必要なCUDAのバージョンを設定するものです。上記の環境ではCUDAのバージョン10がインストールされているので、たとえば（執筆時点ではリリースされていない）バージョン11以上の環境を要求するように設定すると、次のようにエラーとなって弾かれるようになっています。

コマンド4-3-2-3

```
$ docker run --runtime nvidia -e NVIDIA_VISIBLE_DEVICES=all -e NVIDIA_DRIVER_
CAPABILITIES=compute,utility -e NVIDIA_REQUIRE_CUDA="cuda>=11.0" --rm -it ubuntu:18.04 bash
docker: Error response from daemon: OCI runtime create failed: container_linux.go:344: starting
container process caused "process_linux.go:424: container init caused \"process_linux.go:407:
running prestart hook 1 caused \\\"error running hook: exit status 1, stdout: , stderr: exec
command: [/usr/bin/nvidia-container-cli --load-kmods configure --ldconfig=@/sbin/ldconfig.real
--device=all --compute --utility --require=cuda>=11.0 --pid=4361 /var/lib/docker/overlay2/
38af1c77d32ac2f8d20382f64290f6046ddcec9ddce194761f691a6a92eb0237c/merged]\\\\nnvidia-container-
cli: requirement error: unsatisfied condition: cuda >= 11.0\\\\n\\\"\"": unknown.
```

CUDA対応したPyTorch環境を構築する

NVIDIA Dockerが使えることが確認できたところで、PyTorch環境の環境を構築していきましょう。まず、前述の**runtime**オプションが指定されるように**docker-compose.yml**ファイルの内容を追加変更します。

データ4-3-2-1：docker-compose.yml（追加）

```
## 追加変更箇所と関係ない部分は省略

## versionを 2.4 に変更する
version: "2.4"

services:
  jupyter:
    # runtime設定を追加する
    runtime: nvidia
```

Docker ComposeファイルCは、Version 2系列の2.3以降で**runtime**設定が追加されました。そのため、ここでは執筆時点でVersion 2系列の最新バージョンである2.4を指定するようにしました。

続けてイメージ側も対応させます。**Dockerfile**を次の内容で作成します。

データ4-3-2-2：Dockerfile

```
FROM jupyter/datascience-notebook:65761486d5d3

RUN conda install -y pytorch=1.0.1 torchvision=0.2.2 cudatoolkit=9.0 -c pytorch

RUN pip install torchsummary==1.5.1

ENV NVIDIA_VISIBLE_DEVICES all
ENV NVIDIA_DRIVER_CAPABILITIES compute,utility
ENV NVIDIA_REQUIRE_CUDA "cuda>=9.0"
```

CUDA対応したPyTorchが使われるよう、Anacondaでインストールするパッケージが別の名前（後ろに-cpuがついていないもの）になっています。また、**cudatoolkit=9.0**を追加してCUDA Toolkit（CUDA対応に必要なライブラリ）もインストールされるようにしています。執筆時点ですとCUDA Toolkitの最新バージョンは10.1になりますが、ここではサポート対象の環境（ドライバのバージョン）が広い9.0を選択しました。

ENV命令では、前述したNVIDIA Docker用の設定をイメージに追加しています。環境変数はdocker runから与えることもできますが、イメージ側で値を設定しておくことで都度設定する必要がなくなります。また、**NVIDIA_DRIVER_CAPABILITIES**や**NVIDIA_REQUIRE_CUDA**といった設定はイメージ側の構成（プログラムやライブラリ）に依存することが一般的であるため、イメージ側に持たせるのがよいでしょう。

Anacondaを使わずに環境を構築している場合、次のリンク先にある**nvidia/cuda**イメージをベースに環境を構築していくと便利です。

　　CUDAイメージ：https://hub.docker.com/r/nvidia/cuda

このリポジトリでは、CUDA ToolkitのインストールやENVの設定が済んだ状態のイメージが提供されています。インストールされているCUDA Toolkitのバージョンだけでなく、ベースイメージもUbuntu 18.04、Ubuntu 16.04、Centos 7、Centos 6から選ぶことができます。

コンテナの動作を確認する

それでは、先の手順で変更したDockerfileでの動作を確認してみましょう。`docker-compose up --build`でイメージをビルドしなおしてからサービスを立ち上げます。

コマンド4-3-2-4

```
$ docker-compose up --build
Building jupyter
Step 1/6 : FROM jupyter/datascience-notebook:65761486d5d3
 ---> b7727d5d58e0
Step 2/6 : RUN conda install -y pytorch=1.0.1 torchvision=0.2.2 cudatoolkit=9.0 -c pytorch
 ---> Running in 1ba776a3aaef
Collecting package metadata: ...working... done
Solving environment: ...working... done
```

```
                          ...中略...

The following NEW packages will be INSTALLED:

  cudatoolkit      pkgs/main/linux-64::cudatoolkit-9.0-h13b8566_0
  intel-openmp     pkgs/main/linux-64::intel-openmp-2019.3-199
  mkl              pkgs/main/linux-64::mkl-2019.3-199
  ninja            conda-forge/linux-64::ninja-1.9.0-h6bb024c_0
  pytorch          pytorch/linux-64::pytorch-1.0.1-py3.7_cuda9.0.176_cudnn7.4.2_2
  torchvision      pytorch/noarch::torchvision-0.2.2-py_3

                          ...中略...

Step 6/6 : ENV NVIDIA_REQUIRE_CUDA "cuda>=9.0"
 ---> Running in ab66a0dc58c5
Removing intermediate container ab66a0dc58c5
 ---> 6991bc426aaf

Successfully built 6991bc426aaf

                          ...中略...

jupyter_1  | [I 02:03:43.988 LabApp] The Jupyter Notebook is running at:
jupyter_1  | [I 02:03:43.988 LabApp] http://(186df642a4af or 127.0.0.1):8888/
jupyter_1  | [I 02:03:43.988 LabApp] Use Control-C to stop this server and shut down all kernels
(twice to skip confirmation).
```

ブラウザから**http://localhost:8888**にアクセスします。ワークスペースから新しいノートブックを作成し、セルへコードを入力して実行していきます。

まず、CUDAが使えることと、利用可能なデバイス数を確認します。

データ4-3-2-3：CUDA環境を確認する

```
torch.cuda.is_available(), torch.cuda.device_count()

r"""
(True, 1)
"""
```

続けて最初のデバイス名を確認してみます。

データ4-3-2-4：最初のデバイス名を確認する

```
torch.cuda.get_device_name(0)

r"""
'Tesla V100-SXM2-16GB'
"""
```

前の手順で実行した**nvidia-smi**コマンドの結果と同じデバイス名が取得できています。

4-3-3 GPUで学習処理を実行してみる

続けて、簡単な学習処理を用意して、GPUを使った場合の処理時間を評価してみましょう。処理の内容は次のURLにあるPyTorchのチュートリアルを基にしました。

https://pytorch.org/tutorials/beginner/blitz/cifar10_tutorial.html

ノートブックのファイル名をtrain-tutorial.ipynbに変更して、セルにコードを入力して実行していきます。
まず、必要なライブラリをimportします。

データ4-3-3-1：必要なライブラリをimportする

```
import torch
import torchvision
import torchvision.transforms as transforms

r"""
(出力なし)
"""
```

次にCUDAが利用可能な場合、最初のデバイスを使うようにします。

データ4-3-3-2：計算を実行するデバイスを設定する

```
device = torch.device("cuda:0" if torch.cuda.is_available() else "cpu")
device

r"""
device(type='cuda', index=0)
"""
```

データセットを学習用と評価用で別々に用意します。

データセットにはCIFAR-10を使っています。初回の実行時など、データセットが存在しない場合は自動的にダウンロードされます。

データ4-3-3-3：データセットを用意する

```
transform = transforms.Compose(
    [transforms.ToTensor(),
     transforms.Normalize((0.5, 0.5, 0.5), (0.5, 0.5, 0.5))])

trainset = torchvision.datasets.CIFAR10(root='./data', train=True, download=True,
transform=transform)
trainloader = torch.utils.data.DataLoader(trainset, batch_size=4, shuffle=True, num_workers=2)

testset = torchvision.datasets.CIFAR10(root='./data', train=False, download=True,
transform=transform)
testloader = torch.utils.data.DataLoader(testset, batch_size=4, shuffle=False, num_workers=2)

classes = ('plane', 'car', 'bird', 'cat', 'deer', 'dog', 'frog', 'horse', 'ship', 'truck')

r"""
Downloading https://www.cs.toronto.edu/~kriz/cifar-10-python.tar.gz to ./data/cifar-10-python.tar.gz
100.0%
Files already downloaded and verified
"""
```

画像を表示するための関数を用意します。これを使って、学習用のデータセットからランダムに選んだサンプルを表示させてみます。

データ4-3-3-4：画像を表示するための関数

```
import matplotlib.pyplot as plt
%matplotlib inline
import numpy as np

# functions to show an image


def imshow(img):
    img = img / 2 + 0.5     # unnormalize
    npimg = img.cpu().numpy()
    plt.imshow(np.transpose(npimg, (1, 2, 0)))
    plt.show()


# get some random training images
dataiter = iter(trainloader)
images, labels = dataiter.next()

# show images
imshow(torchvision.utils.make_grid(images))
# print labels
print(' '.join('%5s' % classes[labels[j]] for j in range(4)))


r"""
dog   deer   cat   car
"""
```

図4-3-3-1：学習用のデータセットを表示する

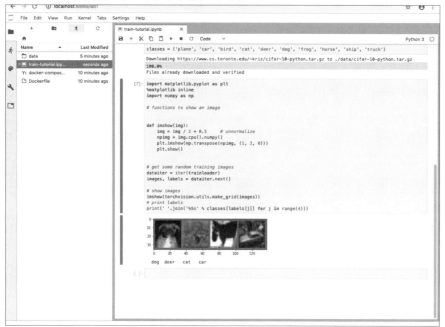

次に学習に用いるモデルを定義します。

データ4-3-3-5：学習に用いるモデルの定義

```
import torch.nn as nn
import torch.nn.functional as F


class Net(nn.Module):
    def __init__(self):
        super(Net, self).__init__()
        self.conv1 = nn.Conv2d(3, 6, 5)
        self.pool = nn.MaxPool2d(2, 2)
        self.conv2 = nn.Conv2d(6, 16, 5)
        self.fc1 = nn.Linear(16 * 5 * 5, 120)
        self.fc2 = nn.Linear(120, 84)
        self.fc3 = nn.Linear(84, 10)

    def forward(self, x):
        x = self.pool(F.relu(self.conv1(x)))
        x = self.pool(F.relu(self.conv2(x)))
        x = x.view(-1, 16 * 5 * 5)
```

```
        x = F.relu(self.fc1(x))
        x = F.relu(self.fc2(x))
        x = self.fc3(x)
        return x


net = Net()
net.to(device)

r"""
Net(
  (conv1): Conv2d(3, 6, kernel_size=(5, 5), stride=(1, 1))
  (pool): MaxPool2d(kernel_size=2, stride=2, padding=0, dilation=1, ceil_mode=False)
  (conv2): Conv2d(6, 16, kernel_size=(5, 5), stride=(1, 1))
  (fc1): Linear(in_features=400, out_features=120, bias=True)
  (fc2): Linear(in_features=120, out_features=84, bias=True)
  (fc3): Linear(in_features=84, out_features=10, bias=True)
)
"""
```

モデルに学習用のデータセットを学習させます。GPUを使っていると、ここの実行時間がかなり短縮されているはずです。

データ4-3-3-6：モデルを学習させる処理を実行

```
import torch.optim as optim

criterion = nn.CrossEntropyLoss()
optimizer = optim.SGD(net.parameters(), lr=0.001, momentum=0.9)

for epoch in range(2):  # loop over the dataset multiple times

    running_loss = 0.0
    for i, data in enumerate(trainloader, 0):
        # get the inputs
        inputs, labels = data
        inputs, labels = inputs.to(device), labels.to(device)

        # zero the parameter gradients
        optimizer.zero_grad()

        # forward + backward + optimize
        outputs = net(inputs)
```

```
        loss = criterion(outputs, labels)
        loss.backward()
        optimizer.step()

        # print statistics
        running_loss += loss.item()
        if i % 2000 == 1999:    # print every 2000 mini-batches
            print('[%d, %5d] loss: %.3f' % (epoch + 1, i + 1, running_loss / 2000))
            running_loss = 0.0

print('Finished Training')
r"""
[1,  2000] loss: 2.197
[1,  4000] loss: 1.943
[1,  6000] loss: 1.769
[1,  8000] loss: 1.620
[1, 10000] loss: 1.552
[1, 12000] loss: 1.470
[2,  2000] loss: 1.401
[2,  4000] loss: 1.398
[2,  6000] loss: 1.364
[2,  8000] loss: 1.351
[2, 10000] loss: 1.309
[2, 12000] loss: 1.301
Finished Training
"""
```

モデルの学習結果を確認してみます。評価用のデータセットから取り出しサンプルをモデルに与え、実際の正解とモデルが予測した結果とを表示させてみます。

データ4-3-3-7：モデルの学習結果を確認する

```
dataiter = iter(testloader)
images, labels = dataiter.next()
images, labels = images.to(device), labels.to(device)

outputs = net(images)
_, predicted = torch.max(outputs, 1)

imshow(torchvision.utils.make_grid(images))
print('GroundTruth: ', ' '.join('%5s' % classes[labels[j]] for j in range(4)))
print('Predicted:   ', ' '.join('%5s' % classes[predicted[j]] for j in range(4)))

r"""
GroundTruth:    cat   ship  ship plane
Predicted:      cat   car   car  plane
"""
```

図4-3-3-2：モデルが予測した結果を出力

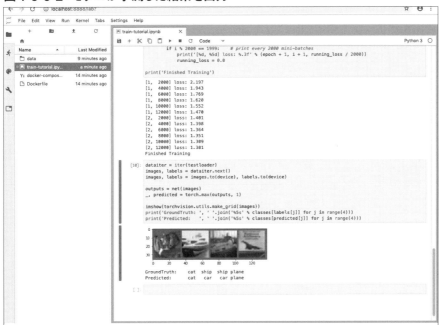

どの程度モデルが学習できているか評価します。評価用のデータセットを用いて、各クラスの正解率（accuracy）を計算します。

データ4-3-3-8：学習したモデルを評価する

```
class_correct = list(0. for i in range(10))
class_total = list(0. for i in range(10))
with torch.no_grad():
    for data in testloader:
        images, labels = data
        images, labels = images.to(device), labels.to(device)

        outputs = net(images)
        _, predicted = torch.max(outputs, 1)

        c = (predicted == labels).squeeze()
        for i in range(4):
            label = labels[i]
            class_correct[label] += c[i].item()
            class_total[label] += 1


for i in range(10):
    print('Accuracy of %5s : %2d %%' % (
        classes[i], 100 * class_correct[i] / class_total[i]))

r"""
Accuracy of plane : 63 %
Accuracy of   car : 65 %
Accuracy of  bird : 32 %
Accuracy of   cat : 37 %
Accuracy of  deer : 48 %
Accuracy of   dog : 59 %
Accuracy of  frog : 63 %
Accuracy of horse : 52 %
Accuracy of  ship : 67 %
Accuracy of truck : 61 %
"""
```

4-4 Visdomでデータを可視化できるようにする

機械学習の学習や評価に際しては、途中のデータをいかに可視化するかが大事になってきます。JupyterLabやJupyter Notebookなどでは**Matplotlib**といったツールで可視化が可能ですが、リアルタイム性やインタラクティブ性といった表現力には少し劣るものがあります。
ここでは可視化ツールの一つである**Visdom**が使えるような環境を構築していきます。

4-4-1 Visdomとは

Visdomは**Facebook Research**が公開しているオープンソースの可視化ツールです。機械学習などの科学計算で用いられる実験データの可視化に適していて、インタラクティブでリアルタイム性のある柔軟な表現力を備えていることが特徴です。

　Visdom：https://research.fb.com/downloads/visdom/

図4-4-1-1：GitHub上にあるVisdom Readme.md

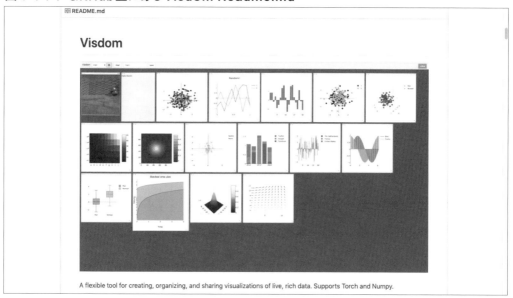

4-4-2 Visdomサーバーが動作するコンテナを定義する

それでは、Visdomが動作するコンテナをサービスとして追加しましょう。**docker-compose.yml**に次の内容を追加します。

データ4-4-2-1：docker-compose.yml（追加）

```
## 追加箇所と関係ない部分は省略

service:
  # Visdomサーバー
  visdom:
    build: .

    command: visdom --hostname 0.0.0.0

    ports:
      - 127.0.0.1:8097:8097
```

Visdomサーバーが立ち上がるようにcommand設定を指定しました。コンテナの外部からも接続できるように、コマンドには**--hostname 0.0.0.0**オプションを設定しています。

Visdomサーバーはデフォルトの設定では認証などがなく、そのまま外部にポートを公開するのは問題がありそうです。そのため、ここではports設定に"**127.0.0.1:8097:8097**"と指定してlocalhostからのみ接続できるようにしました。

続けてDockerfileで**RUN pip install**していた部分を次のように変更し、visdomパッケージがインストールされるようにします。

データ4-4-2-2：Dockerfile（修正）

```
## 変更箇所と関係ない部分は省略

RUN pip install \
    torchsummary==1.5.1 \
    visdom==0.1.8.8
```

4-4-3 Visdomサーバーの動作を確認する

先の手順で変更した構成で、Visdomサーバーの動作を確認してみましょう。**docker-compose up --build**でイメージをビルドしなおしてからサービスを立ち上げます。

コマンド4-4-3-1

```
$ docker-compose up --build
Building jupyter

                                ...中略...

Step 3/6 : RUN pip install     torchsummary==1.5.1    visdom==0.1.8.8
 ---> Running in 6d300accfa4a
Collecting torchsummary==1.5.1
  Downloading https://files.pythonhosted.org/packages/7d/18/1474d06f721b86e6a9b9d7392ad68bed711a
02f3b61ac43f13c719db50a6/torchsummary-1.5.1-py3-none-any.whl
Collecting visdom==0.1.8.8
  Downloading https://files.pythonhosted.org/packages/97/c4/5f5356fd57ae3c269e0e31601ea6487e0622
fedc6756a591e4a5fd66cc7a/visdom-0.1.8.8.tar.gz (1.4MB)
Requirement already satisfied: numpy>=1.8 in /opt/conda/lib/python3.7/site-packages (from
visdom==0.1.8.8) (1.15.4)
Requirement already satisfied: scipy in /opt/conda/lib/python3.7/site-packages (from
visdom==0.1.8.8) (1.2.1)

                                ...中略...

Successfully installed torchfile-0.1.0 torchsummary-1.5.1 visdom-0.1.8.8 websocket-client-0.56.0

                                ...中略...

Successfully tagged jupyterlab-sample_visdom:latest
Creating jupyterlab-sample_visdom_1  ... done
Creating jupyterlab-sample_jupyter_1 ... done
Attaching to jupyterlab-sample_visdom_1, jupyterlab-sample_jupyter_1

                                ...中略...

visdom_1   | INFO:root:Application Started
```

サービス一式が立ち上がったら、ブラウザから**http://localhost:8097**へアクセスすると、Visdomの画面が表示されます。

図4-4-3-1：Visdomの画面

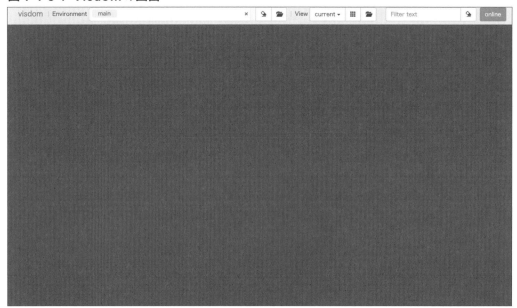

この時点では立ち上げたばかりなので何も表示されていません。

別のタブでJupyterLabのワークスペースを開き、ワークスペースから新しいノートブックを作成します。セルへ次のコードを入力して実行していきます。

まず、**visdom**パッケージが利用可能なことを確認します。

データ4-4-3-1：Visdomのバージョンを確認する

```
import visdom

visdom.__version__

r"""
'0.1.8.8'
"""
```

続けてサーバーへの接続を作成します。ここでは接続先のホスト名にDocker Composeファイルで定義したサービス名であるvisdomを設定しています。

データ4-4-3-2：Visdomサーバーへ接続

```
from visdom import Visdom

vis = Visdom(server='http://visdom')

r"""
WARNING:root:Setting up a new session...
"""
```

Visdomサーバーにデータを送ります。ここでは標準正規分布に従ったサンプルを10000個作成し、ヒストグラムで表示するようにしました。

データ4-4-3-3：Visdomサーバーにデータを送る

```
import numpy as np

mu, sigma = 0, 1
samples = np.random.normal(mu, sigma, 10000)

vis.histogram(samples, opts={'numbins': 40}, win='fig1')

r"""
'fig1'
"""
```

図4-4-3-2：Visdomへデータを送った後のノートブック

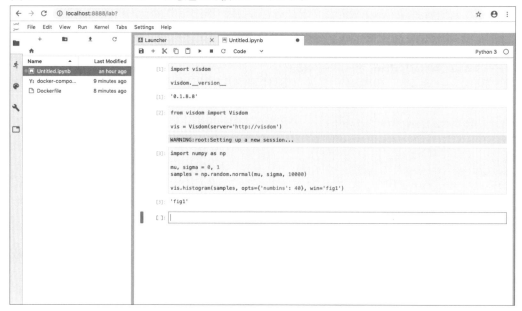

vis.histogram() の呼び出しを実行したらVisdomのタブに切り替えます。先ほど追加したヒストグラムが表示されていることが確認できます。

図4-4-3-3：ヒストグラムがVisdom側で表示された

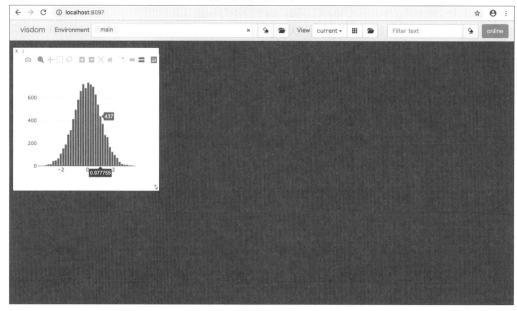

4-4-4 学習処理の進捗をリアルタイムで表示させてみる

前述の学習処理の進捗をリアルタイムで表示させてみましょう。「データ4-3-3-6」のコードにある「# print statistics」にあった**print()**の処理を次のように書き換えます。

データ4-4-4-1：学習処理の進捗をVisdomで表示する（データ4-3-3-6を修正）

```
# visualize statistics
running_loss += loss.item()
if i % 100 == 99:    # print every 100 mini-batches
    x = i + len(trainloader) * epoch
    vis.line(
        X=np.array([x]),
        Y=np.array([loss.item()]),
        win="train_progress",
        name='Loss',
        update='append',
    )
    running_loss = 0.0
```

書き換え後のコードを実行すると、データがノートブックの出力ではなくVisdomに送られ、リアルタイムにグラフ表示されるようになります。

図4-4-4-1：リアルタイムにグラフ表示されるようになった

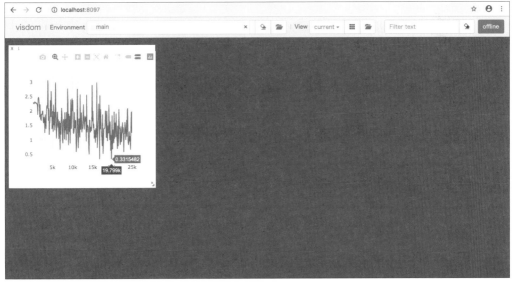

4-4-5　デフォルト設定のままVisdomが使えるようにする

先のコードではサーバーの接続先を「**vis = Visdom(server=...)**」のように明示的に指定していました。これはVisdomサーバーが別のアドレスで動作しているためです。この接続先を省略するとデフォルト値のlocalhostが使われるので、前述の構成ではVisdomサーバーへ接続することができません。

ノートブックのコードを共有することを考えると、デフォルト設定のままコードが動作できるのが望ましいかもしれません。Docker（やDocker Compose）では各々のコンテナ（サービス）に別々のIPアドレスを割り当てるのが基本的な構成になっていますが、**network_mode**を設定することで別のサービスやコンテナと同じネットワーク（IPアドレス）で動作するようにも設定できます。

docker-compose.ymlファイルを次のように設定することで、jupyterコンテナからvisdomサーバーへlocalhostでも接続できるようになります。**network_mode**に別のコンテナ（やサービス）を指定するためには、Docker Composeファイルのバージョン2系列を用いる必要があります。

データ4-4-5-1：docker-compose.yml（修正）

```yaml
## 変更箇所と関係ない部分は省略

# Version 2系統を指定する(ここでは最新の2.4)
version: "2.4"

services:
  jupyter:
    ports:
      - 8888:8888
      - 127.0.0.1:8097:8097

  visdom:
    network_mode: "service:jupyter"

    # ports設定は削除する
```

Chapter 5

Dockerの機能を使いこなす

本章では、Dockerが提供している機能に対して、もう少し踏み込んだトピックを紹介します。ここでの内容を応用することで、より使い勝手のよいイメージやコンテナの運用ができるようになるでしょう。

5-1 Dockerのイメージについて

Dockerのイメージはコンテナの基となるものです。ここではイメージサイズの最適化やビルド時間の短縮に関するトピックを取り上げます。

5-1-1 イメージとレイヤー

イメージにはコンテナ環境で提供されるファイル一式（ファイルシステム）や、プログラムの実行に必要なパラメータ（例えば環境変数やコマンドライン）などが格納されています。特にファイルシステムについては、レイヤーと呼ばれる要素を積み重ねることで効率的な管理を実現しています。

図5-1-1-1：レイヤーの構成

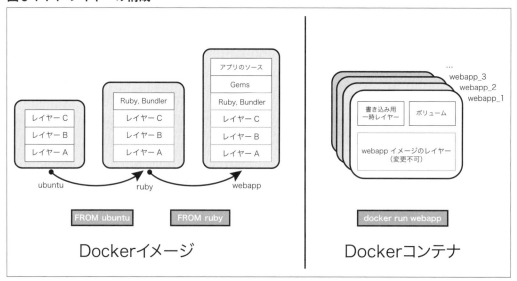

レイヤーはイメージの構成要素であり、とあるイメージ（前の状態）から変更のあった部分（ファイルなど）をまとめたものです。イメージを作成（ビルド）する際には、必ず何らかのイメージ（空から作る場合はscratchと呼ばれる特殊なイメージ）を基にして、そのイメージに対して行った変更をレイヤーとして保存するようになっています。

このレイヤーは、ビルド手順を指示するDockerfileの各々の命令に対応しており、一つの命令を処理した結果が一つのレイヤーとして積み上げられていきます。

命令を処理した結果であるレイヤーの内容は、ベースになっているイメージと命令の内容で決まります。そのため、前のイメージが同じ内容だとすると、命令の内容が同じ場合は同じ結果になると見なすことができます。同じ結果になるのであれば、前に実行した結果であるレイヤーがあれば再利用することができます（キャッシュ）。

命令の内容が同じかどうかは、例えば**RUN命令**の場合はコマンドの文字列だったり、**COPY命令**の場合はコピーするファイルの内容（チェックサム）で判断されます。これらの依存関係を工夫してキャッシュが効果的に用いられるようにすることで、ビルドにかかる時間を短縮することができます。

5-1-2 レイヤーを調べる

簡単なイメージをビルドして、レイヤーについて調べてみましょう。

ここでは、例としてRailsアプリケーションで使われることの多い構成要素を用意しました。MySQLアダプタのmysql2 gemと、PDF作成に用いられるpdfkit gem（と日本語フォント）をインストールするものです。

　　Mysql2: https://github.com/brianmario/mysql2
　　PDFKit: https://github.com/pdfkit/pdfkit

調査用のDockerイメージを用意する

次の内容でDockerfileを作成しておきます。

データ5-1-2-1：Dockerfile

```
FROM ruby:2.6.1-stretch

# パッケージをインストールする
RUN apt-get update
RUN apt-get install -y --no-install-recommends \
    fonts-ipaexfont \
    libssl1.0-dev
RUN rm -rf /var/lib/apt/lists/*
```

```
WORKDIR /app

# Gemをインストールする
COPY Gemfile Gemfile.lock ./
RUN bundle install

# アプリケーションをコピーする
COPY . ./
CMD ["ruby", "app.rb"]
```

Dockerfileでは、Gemをインストールする前に**wkhtmltopdf**の動作に必要なパッケージ（日本語フォントとSSLライブラリ）をインストールするようにしています。**FROM命令**で指定しているベースイメージのディストリビューションが**Debian 9 Stretch**なので、ここでは**apt-get**を用いて**fonts-ipaexfont**と**libssl1.0-dev**をインストールしました。これまではパッケージをインストールする処理を「**&&**」を使って一つの**RUN命令**にしていましたが、ここでは命令をまとめる効果を確認するために、いったん別々のレイヤーにしてみます。

Gemfileは次の内容で作成しました。

データ5-1-2-2：Gemfile

```
# frozen_string_literal: true

source "https://rubygems.org"

gem "mysql2", "~> 0.5.2"
gem "pdfkit", "~> 0.8.2"
gem "wkhtmltopdf-binary", "~> 0.12.4"
```

また、**Gemfile.lock**と**app.rb**は空の内容で用意しておきました。

これらのファイルが含まれるディレクトリで**docker build**を実行し、イメージをビルドします。イメージ名は**pdfkit-app**としました。

コマンド5-1-2-1

```
$ docker build -t pdfkit-app .
Sending build context to Docker daemon  4.096kB
Step 1/9 : FROM ruby:2.6.1-stretch
```

```
---> 99ef552a6db8

                            ...中略...

The following NEW packages will be installed:
  fonts-ipaexfont fonts-ipaexfont-gothic fonts-ipaexfont-mincho libssl1.0-dev
0 upgraded, 4 newly installed, 1 to remove and 18 not upgraded.

                            ...中略...

Bundle complete! 3 Gemfile dependencies, 4 gems now installed.
Bundled gems are installed into `/usr/local/bundle`

                            ...中略...

Step 9/9 : CMD ["ruby", "app.rb"]
 ---> Running in f1f2e094cc5a
Removing intermediate container f1f2e094cc5a
 ---> e73ab92cbdd3
Successfully built e73ab92cbdd3
Successfully tagged pdfkit-app:latest
```

イメージサイズを調査する

さっそく、ビルドされたイメージのサイズを調査してみます。

コマンド5-1-2-2

```
$ docker images pdfkit-app
REPOSITORY        TAG            IMAGE ID            CREATED             SIZE
pdfkit-app        latest         e73ab92cbdd3        About a minute ago  1.12GB
```

イメージのサイズは1.12GBと出力されました。ここで表示されるサイズは、イメージに含まれるファイルの総量とほぼ同等になっています。続けてベースイメージのサイズも調査します。

コマンド5-1-2-3

```
$ docker images ruby:2.6.1-stretch
REPOSITORY        TAG            IMAGE ID            CREATED             SIZE
ruby              2.6.1-stretch  99ef552a6db8        4 weeks ago         876MB
```

ベースイメージのサイズは876MBと出力されました。この結果から、ビルドされたイメージの8割弱がベースイメージに含まれており、Dockerfileの手順で追加されたレイヤー（ファイル）が2割強の250MBほどを占めていることがわかります。

レイヤーごとのサイズについては docker history から調べることができます。

コマンド 5-1-2-4

```
$ docker history pdfkit-app
IMAGE               CREATED              CREATED BY                                       SIZE
COMMENT
e73ab92cbdd3        About a minute ago   /bin/sh -c #(nop)  CMD ["ruby" "app.rb"]         0B
69c0c7661283        About a minute ago   /bin/sh -c #(nop) COPY dir:242d1c30632b2e191…    535B
0a70ecf11deb        About a minute ago   /bin/sh -c bundle install                        207MB
947d65a6b4be        About a minute ago   /bin/sh -c #(nop) COPY multi:4d7dcc01b89bd34…    150B
17012ee93b23        About a minute ago   /bin/sh -c #(nop) WORKDIR /app                   0B
aa27e571f96a        About a minute ago   /bin/sh -c rm -rf /var/lib/apt/lists/*           0B
f31fbb05461e        About a minute ago   /bin/sh -c apt-get install -y --no-install-r…    23.4MB
2f0c73208e04        About a minute ago   /bin/sh -c apt-get update                        16.3MB
99ef552a6db8        7 weeks ago          /bin/sh -c #(nop)  CMD ["irb"]                   0B
<missing>           7 weeks ago          /bin/sh -c mkdir -p "$GEM_HOME" && chmod 777…    0B
<missing>           7 weeks ago          /bin/sh -c #(nop)  ENV PATH=/usr/local/bundl…    0B
<missing>           7 weeks ago          /bin/sh -c #(nop)  ENV BUNDLE_PATH=/usr/loca…    0B
<missing>           7 weeks ago          /bin/sh -c #(nop)  ENV GEM_HOME=/usr/local/b…    0B
<missing>           7 weeks ago          /bin/sh -c set -ex    && buildDeps=' bison …    40.4MB
<missing>           7 weeks ago          /bin/sh -c #(nop)  ENV RUBYGEMS_VERSION=3.0.3    0B
<missing>           7 weeks ago          /bin/sh -c #(nop)  ENV RUBY_DOWNLOAD_SHA256=…    0B
<missing>           7 weeks ago          /bin/sh -c #(nop)  ENV RUBY_VERSION=2.6.1        0B
<missing>           7 weeks ago          /bin/sh -c #(nop)  ENV RUBY_MAJOR=2.6             0B
<missing>           7 weeks ago          /bin/sh -c mkdir -p /usr/local/etc && {    e…    45B
<missing>           7 weeks ago          /bin/sh -c set -ex;  apt-get update;  apt-ge…    562MB
<missing>           7 weeks ago          /bin/sh -c apt-get update && apt-get install…    142MB
<missing>           7 weeks ago          /bin/sh -c set -ex;  if ! command -v gpg > /…    7.81MB
<missing>           7 weeks ago          /bin/sh -c apt-get update && apt-get install…    23.2MB
<missing>           7 weeks ago          /bin/sh -c #(nop)  CMD ["bash"]                  0B
<missing>           7 weeks ago          /bin/sh -c #(nop) ADD file:e4bdc12117ee95eaa…    101MB
```

250MBほどの容量のうち、bundle install の処理で増加した容量が最も大きく（207MB）、続いて apt-get の2つの処理で増加した容量が占めていることがわかります。各々のレイヤーは docker save コマンドで取り出して調査することができますが、これを簡単に調査するためのツールが提供されているので使ってみましょう。

ツールを用いて詳細を調査する

イメージサイズの調査に役立つツールはいくつかあり、その一つである**dive**を使って詳細を調査していきます。

　　GitHubにあるdiveのページ：https://github.com/wagoodman/dive

図5-1-2-1：dive

ここでビルドした`pdfkit-app`を`dive`で調査するためには、次のコマンドを実行します。

コマンド5-1-2-5
```
$ docker run --rm -it -v /var/run/docker.sock:/var/run/docker.sock -e DOCKER_API_VERSION=1.39 wagoodman/dive:v0.7.2 pdfkit-app
```

ここでは執筆時点の最新バージョンであるv0.7.2を使うように明示しました。最新バージョンが使われるようにする場合は、ここを**latest**にしてください。

コマンドを実行すると下図のような画面が表示されます。

図5-1-2-2：diveの画面

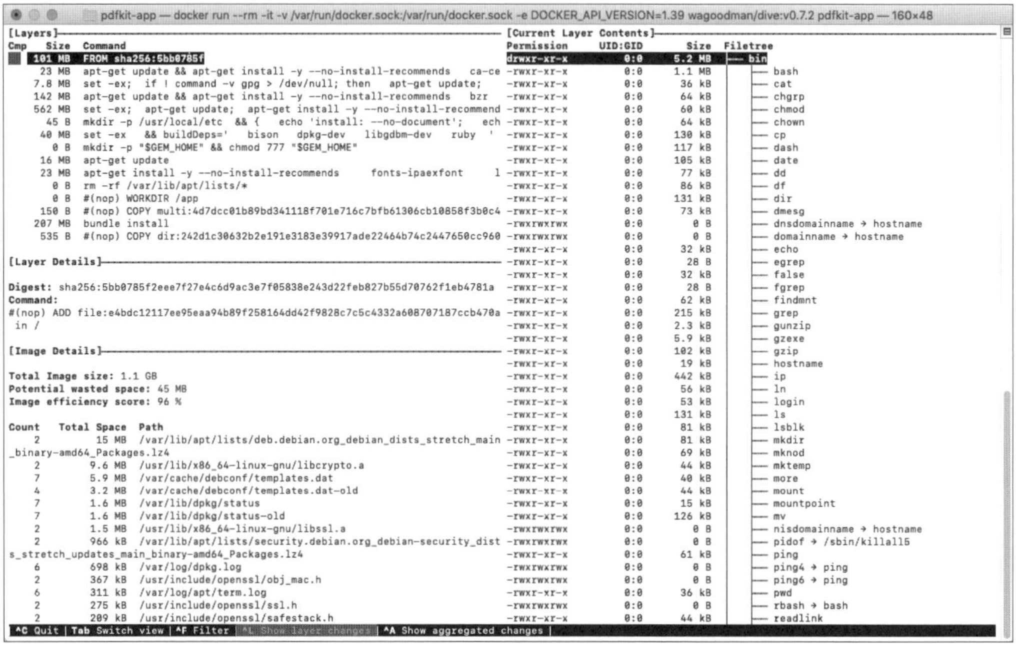

画面はキーボード入力で操作します。READMEにあるキーバインディングを次に引用します。

表5-1-2-1：diveで使えるキーバインディング

キーバインディング	説明
CTRL-c	ツールを終了する
TAB	レイヤービュー（左側）とファイルツリービュー（右側）とフォーカスを切り替える
CTRL-f	ファイルの絞り込み
PageUp	上方向へスクロール
PageDown	下方向へスクロール
CTRL-a	レイヤービュー：前のレイヤーも含めて（集約した）イメージの内容を表示する
CTRL-l	レイヤービュー：選択しているレイヤーの変更のみを表示する
SPACE	ファイルツリービュー：ディレクトリを展開/折りたたみを切り替える
CTRL-SPACE	ファイルツリービュー：全てのディレクトリで展開/折りたたみを切り替える
CTRL-a	ファイルツリービュー：追加されたファイルの表示/非表示を切り替える

CTRL-r	ファイルツリービュー：削除されたファイルの表示/非表示を切り替える
CTRL-m	ファイルツリービュー：変更されたファイルの表示/非表示を切り替える
CTRL-u	ファイルツリービュー：未変更なファイルの表示/非表示を切り替える
CTRL-b	ファイルツリービュー：ファイル属性の表示/非表示を切り替える

キーバインディングにはありませんが、カーソルキーで対象のレイヤーやファイルを選択することができます。

5-1-3 イメージサイズを最適化する

調査用にビルドした**pdfkit-app**イメージをたたき台にして、イメージサイズを最適化していきましょう。

イメージサイズを最適化するアプローチ

イメージサイズを最適化するには、大きく分けて2通りのアプローチがあります。

- レイヤーに不要なファイルが含まれないようにしてサイズを小さくする
- 各々のレイヤーに含まれるファイルを適切に構成する

各々のレイヤーを小さくすることは、イメージサイズを最適化するための原則になります。これは、イメージはレイヤーの積み重ねで構成されており、いったん組み込まれたレイヤー（に含まれているファイル）は保持することが原則になっているためです。後続のレイヤーでファイルを削除しても、そのレイヤーにはファイルを削除したという情報が追記されるだけで、元のレイヤーに含まれるデータが削除されるわけではありません。

レイヤーサイズを小さくするテクニックとして、例えば`apt-get`でインストールするパッケージを必要最小限にしたり、ビルドやインストールなどの処理で作成されたキャッシュ（その場限りでしか用いられない）ファイルを都度削除することがあげられます。また、究極的にイメージサイズを小さくする方法として、全てのレイヤーの変更を統合してしまう方法もあります。これは`docker build`に`--squash`オプションを指定することで簡単に実現できます。

もう一つの、レイヤーに含まれるファイルを適切に構成するアプローチは、複数のイメージをダウンロードした場合の総量を最適化する観点で重要です。前述の通り`docker build --squash`などで単一のレイヤーにまとめてしまえばイメージのサイズを最小化することはできますが、別のイメージでレイヤーを共有するといった最適化が行われにくくなってしまいます。

すなわち、適切なベースイメージを選択（ないし構築）して、個々のイメージではベースイメージとの差分が小さくなるように構成したほうが、全体として占める容量を最適化することができます。加えて、レイヤー数は占有スペースだけでなくダウンロード時間にも影響します。`docker pull`でイメージをダウンロードする場合、処理はレイヤー単位で並列に実行されるためです。単一の巨大なレイヤーから構成されたイメージよりも適切に分割された複数のレイヤーで構成されたイメージのほうが、トータルのダウンロード時間は短くなる傾向があります。

レイヤーに不要なファイルが含まれないようにする

まず、各々のレイヤーに不要なファイルが含まれないようにしていきましょう。

apt-getが作成するファイル

これまでの章では、**RUN命令**で**apt-get**を実行する箇所は不要なファイルが残らないようにしていました。具体的には`apt-get update`と`apt-get install`を「&&」でつなげて、最後に「`rm -rf /var/lib/apt/lists/*`」するようにしていました。

pdfkit-appイメージでは、これを考慮していないようにビルドしていました。その場合のレイヤーを**dive**で確認してみましょう。

図5-1-3-1：diveのレイヤービュー

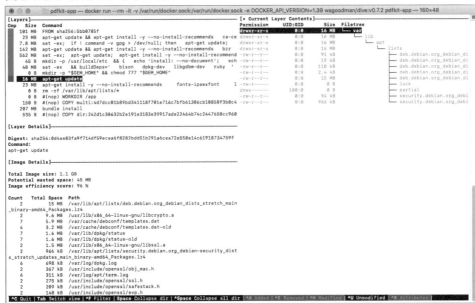

上図の選択箇所であるapt-get updateしているレイヤーでは、パッケージリストのファイルで16MBのレイヤーが作成されていることがわかります。このファイルは後続のapt-get installで必要なものですが、その後は必要ありません。また、いったん作成されたレイヤーは変更されないので、その後のrmで削除しても全体のイメージサイズは変わりません。

これらのコマンド（レイヤー）を次のように一つにまとめることで、イメージサイズを削減できます。

データ5-1-3-1：Dockerfile

```
# パッケージをインストールする
RUN apt-get update && \
    apt-get install -y --no-install-recommends \
        fonts-ipaexfont \
        libssl1.0-dev \
        && \
    rm -rf /var/lib/apt/lists/*
```

コマンドをつなげるためには「&&」を使うのが適切です。シェルではコマンドを連結するために「;」を使うこともできますが、「;」を使うと前のコマンドが失敗しても後続のコマンドが実行されてしまいます。DockerではRUN命令のコマンドがエラーになった場合はビルドが失敗するようになっています。ここで「&&」を使うことで、前のコマンドが失敗すると後続のコマンドは実行されずにエラー終了するようになります。

この処理をデフォルトとするためにset -eコマンドを使うこともできます。これをコマンドの先頭で実行しておくことで、「;」や改行で区切られていてもエラーになった時点でコマンドが失敗するようになります。外部のスクリプトファイルで処理を用意する場合、スクリプトファイルでset -eを実行しておくほうが便利です。また、apt-getでパッケージをインストールする際、依存関係のある（パッケージの動作に必要な）パッケージだけでなく、必須ではないもののインストールしておいたほうがよい推奨パッケージもインストールされるようになっています。不要なパッケージもインストールするとイメージサイズが増加してしまうため、推奨パッケージはインストールしないほうがよいでしょう。これを指定するために--no-install-recommendsオプションを指定しています。

bundle installが作成するファイル

bundle installを実行しているレイヤーでは、207MBのファイルが作成されています。このレイヤーに含まれているファイルもdiveで調査してみましょう。

図5-1-3-2:「bundle install」で作成されたファイル(1)

図5-1-3-3:「bundle install」で作成されたファイル(2)

右側のファイルツリービューから次のことがわかります。

- ホームディレクトリの下である**~/.bundle/cache**にキャッシュファイルが作成されている（コマンドを実行しているのはrootユーザーなので、ホームディレクトリは**/root**）
- **${GEM_HOME}/cache**にgemがキャッシュされている（ここで**${GEM_HOME}**は**/usr/local/bundle**）
- **wkhtmltopdf-binary gem**が大きい（**bin**にあるファイルのサイズが大きい）

ここで、最初の二つのファイルは不要であれば削除しておくとよいでしょう。また、最後の**wkhtmltopdf-binary gem**はバイナリファイル（**bin**）のサイズが大きく、複数のプラットフォームに対応するために各々のバイナリが含まれているようです。ここでは**wkhtmltopdf_linux_amd64**のバイナリのみが使われているので、それ以外のプラットフォーム用のファイルは削除しても問題なさそうです。

これらの不要ファイルを削除するためには、gemをインストールしている箇所を次のようにします。

データ5-1-3-2：Dockerfile（修正）

```
# Gemをインストールする
COPY Gemfile Gemfile.lock ./
RUN bundle install && \
    rm -rf \
        $(gem contents wkhtmltopdf-binary | grep -E '_darwin_x86$|_linux_x86$') \
        ~/.bundle/cache \
        "${GEM_HOME}/cache"
```

ここまでの対応を適用したイメージを確認してみます。

図5-1-3-4:「bundle install」後に不要なファイルを削除した場合

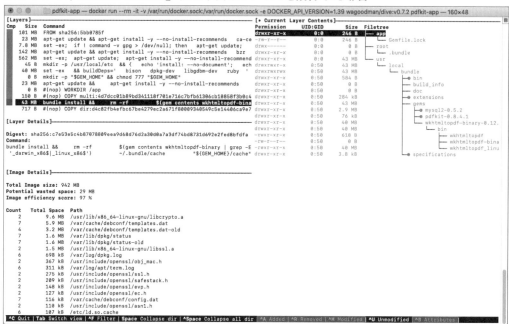

イメージのトータルサイズは942MBとなり、ベースイメージから追加されたレイヤーの合計サイズは66MB程度まで削減できました。

ベースイメージにslimイメージを使う

追加されるレイヤーのサイズを小さくすることができても、ベースイメージのサイズは変わらないのでサイズの削減には限界があります。ベースイメージにコンパクトなものを使うことで、さらに全体のイメージサイズを小さくすることができます。

Docker公式のRubyイメージでは、この目的のためにslimイメージとalpineイメージが提供されています。ここではベースイメージにslimイメージを使うようにして、サイズがどの程度削減できるか確認してみましょう。もう一つのalpineイメージについても、後で詳しく説明します。

標準のイメージとは異なり、slimイメージではRubyの実行に必要な最低限のファイルのみが含まれています。このイメージを示すタグには**-slim**がつけられています。

Dockerfileの最初にあるFROM命令を次のように書き換え、slimイメージを使うようにします。

データ5-1-3-3:Dockerfile(修正)

```
FROM ruby:2.6.1-slim-stretch
```

まずはこの状態でイメージをビルドしてみましょう。イメージ名は**pdfkit-app-slim**として、これまでとは別のイメージとしてビルドしていることに注意してください。

コマンド5-1-3-1

```
$ docker build -t pdfkit-app-slim .
Sending build context to Docker daemon  4.096kB
Step 1/7 : FROM ruby:2.6.1-slim-stretch
2.6.1-slim-stretch: Pulling from library/ruby

                          ...中略...

Step 5/7 : RUN bundle install &&     rm -rf       $(gem contents wkhtmltopdf-binary | grep -E
'_darwin_x86$|_linux_x86$')    ~/.bundle/cache         "${GEM_HOME}/cache"
 ---> Running in bffbbe22365f
 etching gem metadata from https://rubygems.org/..............
Resolving dependencies...

                          ...中略...

To see why this extension failed to compile, please check the mkmf.log which can
be found here:

  /usr/local/bundle/extensions/x86_64-linux/2.6.0/mysql2-0.5.2/mkmf.log

extconf failed, exit code 1

Gem files will remain installed in /usr/local/bundle/gems/mysql2-0.5.2 for
inspection.
Results logged to
/usr/local/bundle/extensions/x86_64-linux/2.6.0/mysql2-0.5.2/gem_make.out

An error occurred while installing mysql2 (0.5.2), and Bundler cannot continue.
Make sure that `gem install mysql2 -v '0.5.2' --source 'https://rubygems.org/'`
succeeds before bundling.

In Gemfile:
  mysql2
```

```
The command '/bin/sh -c bundle install &&      rm -rf          $(gem contents wkhtmltopdf-binary |
grep -E '_darwin_x86$|_linux_x86$')        ~/.bundle/cache         "${GEM_HOME}/cache"' returned
a non-zero code: 5
```

コマンドの出力から、`bundle install`の実行がエラーになっていることがわかります。Rubyの実行に必要なファイルのみが含まれているslimイメージでは、拡張モジュールをビルドするための環境が用意されていません。この含まれていないパッケージには、ビルドツール（コンパイラやmakeなど）やライブラリ（この場合は**libmysqlclient-dev**）などがあります。

必要なライブラリやツールはログファイルから調査することができます。出力にある「`--->` **Running in bffbbe22365f**」から、エラーになったRUN命令を実行していたコンテナのIDが**bffbbe22365f**であることがわかります。次のように`docker cp`コマンドを実行することで、ログファイルを取り出すことができます。

コマンド5-1-3-2

```
$ docker cp bffbbe22365f:/usr/local/bundle/extensions/x86_64-linux/2.6.0/mysql2-0.5.2 .
```

ここではディレクトリごとファイルをコピーしました。カレントディレクトリの下の**mysql2-0.5.2/gem_make.out**ファイルと**mysql2-0.5.2/mkmf.log**ファイルにログがコピーされています。

この場合は拡張モジュールのビルドに**gcc**、**make**、**default-libmysqlclient-dev**の3つが必要です。`bundle install`を実行する前に必要なパッケージをインストールするよう、gemをインストールしている箇所を次のようにします。

データ5-1-3-4：Dockerfile（修正）

```
# Gemをインストールする
COPY Gemfile Gemfile.lock ./
RUN build_deps=" \
        default-libmysqlclient-dev \
        gcc \
        make \
    " && \
    apt-get update && \
    apt-get install -y --no-install-recommends $build_deps && \
    \
    bundle install && \
    rm -rf \
```

```
            $(gem contents wkhtmltopdf-binary | grep -E '_darwin_x86$|_linux_x86$') \
            ~/.bundle/cache \
            "${GEM_HOME}/cache" \
            && \
    \
    apt-get remove -y --purge --auto-remove $build_deps && \
    rm -rf /var/lib/apt/lists/*
```

必要なパッケージを**build_deps**変数にスペース区切りで格納し、**bundle install**の前に**apt-get install**するようにしています。また、**bundle install**の後は**apt-get remove --purge --auto-remove**で削除するようにしました。

この状態で**docker build**を実行してイメージをビルドしてみます。

コマンド5-1-3-3

```
$ docker build -t pdfkit-app-slim .
Sending build context to Docker daemon  4.608kB
Step 1/7 : FROM ruby:2.6.1-slim-stretch
 ---> 26682ea22183

                            ...中略...

Step 5/7 : RUN build_deps="        default-libmysqlclient-dev         gcc        make     " &&
apt-get update &&     apt-get install -y --no-install-recommends $build_deps &&         bundle
install &&      rm -rf         $(gem contents wkhtmltopdf-binary | grep -E '_darwin_x86$|_linux_
x86$')         ~/.bundle/cache         "${GEM_HOME}/cache"         &&      apt-get remove -y
--purge --auto-remove $build_deps &&      rm -rf /var/lib/apt/lists/*
 ---> Running in e41b83458331

                            ...中略...

The following NEW packages will be installed:
  binutils cpp cpp-6 default-libmysqlclient-dev gcc gcc-6 libasan3 libatomic1
  libcc1-0 libcilkrts5 libgcc-6-dev libgomp1 libisl15 libitm1 liblsan0
  libmariadbclient-dev libmariadbclient-dev-compat libmariadbclient18 libmpc3
  libmpfr4 libmpx2 libquadmath0 libtsan0 libubsan0 make mysql-common
0 upgraded, 26 newly installed, 0 to remove and 5 not upgraded.

                            ...中略...

Setting up default-libmysqlclient-dev:amd64 (1.0.2) ...
Setting up gcc (4:6.3.0-4) ...
```

```
Processing triggers for libc-bin (2.24-11+deb9u4) ...
Fetching gem metadata from https://rubygems.org/...............
Resolving dependencies...
Using bundler 1.17.3
Fetching mysql2 0.5.2
Installing mysql2 0.5.2 with native extensions
Fetching pdfkit 0.8.4.1
Installing pdfkit 0.8.4.1
Fetching wkhtmltopdf-binary 0.12.4
Installing wkhtmltopdf-binary 0.12.4
Bundle complete! 3 Gemfile dependencies, 4 gems now installed.
Bundled gems are installed into `/usr/local/bundle`

                              ...中略...

The following packages will be REMOVED:
  binutils* cpp* cpp-6* default-libmysqlclient-dev* gcc* gcc-6* libasan3*
  libatomic1* libcc1-0* libcilkrts5* libgcc-6-dev* libgomp1* libisl15*
  libitm1* liblsan0* libmariadbclient-dev* libmariadbclient-dev-compat*
  libmariadbclient18* libmpc3* libmpfr4* libmpx2* libquadmath0* libtsan0*
  libubsan0* make* mysql-common* xz-utils*
0 upgraded, 0 newly installed, 27 to remove and 5 not upgraded.
After this operation, 109 MB disk space will be freed.

                              ...中略...

Successfully built 44f99898539f
Successfully tagged pdfkit-app-slim:latest
```

エラーにならずイメージがビルドできました。途中のログ出力から、拡張モジュールのビルドに必要なパッケージで109MBの容量を占めていることがわかります。これらのパッケージをレイヤーに含めないことで、かなりの容量削減が見込めそうです。

ビルドされたイメージの動作を**irb**から確認してみます。すると、**mysql2**モジュールを**require**するとエラーになっていることがわかります。

コマンド5-1-3-4

```
$ docker run --rm -it pdfkit-app-slim bash
root@a23db1bfd597:/app# irb
irb(main):001:0> require 'mysql2'
```

```
Traceback (most recent call last):
       10: from /usr/local/bin/irb:23:in `<main>'
        9: from /usr/local/bin/irb:23:in `load'
        8: from /usr/local/lib/ruby/gems/2.6.0/gems/irb-1.0.0/exe/irb:11:in `<top (required)>'
        7: from (irb):1
        6: from /usr/local/lib/ruby/site_ruby/2.6.0/rubygems/core_ext/kernel_require.rb:34:in `require'
        5: from /usr/local/lib/ruby/site_ruby/2.6.0/rubygems/core_ext/kernel_require.rb:130:in `rescue in require'
        4: from /usr/local/lib/ruby/site_ruby/2.6.0/rubygems/core_ext/kernel_require.rb:130:in `require'
        3: from /usr/local/bundle/gems/mysql2-0.5.2/lib/mysql2.rb:33:in `<top (required)>'
        2: from /usr/local/lib/ruby/site_ruby/2.6.0/rubygems/core_ext/kernel_require.rb:54:in `require'
        1: from /usr/local/lib/ruby/site_ruby/2.6.0/rubygems/core_ext/kernel_require.rb:54:in `require'
LoadError (libmariadbclient.so.18: cannot open shared object file: No such file or directory - /usr/local/bundle/gems/mysql2-0.5.2/lib/mysql2/mysql2.so)
irb(main):002:0> exit
root@a23db1bfd597:/app#
```

このエラーは、ビルド後の動作にも必要なパッケージ（ライブラリの本体）が削除されていることが原因です。拡張モジュールのビルドで使っていたパッケージの依存関係に含まれていたものですが、このパッケージを特定してイメージに含める必要があります。

先ほどのエラー出力から、必要なライブラリのファイルが**libmariadbclient.so.18**であることがわかります。このファイル名は、次のように`ldd`コマンドを使っても調べることができます。

コマンド5-1-3-5

```
root@a23db1bfd597:/app# ldd /usr/local/bundle/extensions/x86_64-linux/2.6.0/mysql2-0.5.2/mysql2/mysql2.so
        linux-vdso.so.1 (0x00007ffd74311000)
        libruby.so.2.6 => /usr/local/lib/libruby.so.2.6 (0x00007fafa2ab9000)
        libmariadbclient.so.18 => not found
        libpthread.so.0 => /lib/x86_64-linux-gnu/libpthread.so.0 (0x00007fafa289c000)
        libz.so.1 => /lib/x86_64-linux-gnu/libz.so.1 (0x00007fafa2682000)
        libm.so.6 => /lib/x86_64-linux-gnu/libm.so.6 (0x00007fafa237e000)
        libdl.so.2 => /lib/x86_64-linux-gnu/libdl.so.2 (0x00007fafa217a000)
        libc.so.6 => /lib/x86_64-linux-gnu/libc.so.6 (0x00007fafa1ddb000)
        librt.so.1 => /lib/x86_64-linux-gnu/librt.so.1 (0x00007fafa1bd3000)
        libgmp.so.10 => /usr/lib/x86_64-linux-gnu/libgmp.so.10 (0x00007fafa1950000)
```

```
                libcrypt.so.1 => /lib/x86_64-linux-gnu/libcrypt.so.1 (0x00007fafa1718000)
                /lib64/ld-linux-x86-64.so.2 (0x00007fafa323e000)
root@a23db1bfd597:/app# exit
```

出力にある**libmariadbclient.so.18**の行がnot foundとなっており、ファイルが存在しないことがわかります。先の手順で（slimイメージでない）標準イメージからビルドしたイメージである**pdfkit-app**を使って、このファイルが含まれているパッケージを調査します。

ベースイメージのディストリビューションがDebianやUbuntuである場合、ファイルを提供しているパッケージ名を調べるためには**dpkg -S**コマンドを使います。

コマンド5-1-3-6

```
$ docker run --rm -it pdfkit-app bash
root@f0fd00e88821:/app# dpkg -S libmariadbclient.so.18
libmariadbclient18:amd64: /usr/lib/x86_64-linux-gnu/libmariadbclient.so.18.0.0
libmariadbclient18:amd64: /usr/lib/x86_64-linux-gnu/libmariadbclient.so.18
root@f0fd00e88821:/app# exit
```

ライブラリの動作に必要なパッケージが**libmariadbclient18**であることがわかりました。このパッケージはMySQL（から派生したオープンソース版のMariaDB）のクライアントライブラリです。

同様に、**wkhtmltopdf**も必要なライブラリファイルが不足しているので、依存関係にあるパッケージを調査します。

コマンド5-1-3-7

```
$ docker run --rm -it pdfkit-app-slim bash
root@f4fbf5e46315:/app# ldd /usr/local/bundle/gems/wkhtmltopdf-binary-0.12.4/bin/wkhtmltopdf_
linux_amd64
        linux-vdso.so.1 (0x00007ffff789b000)
        libXrender.so.1 => not found
        libfontconfig.so.1 => not found
        libfreetype.so.6 => not found
        libXext.so.6 => not found
        libX11.so.6 => not found
        libz.so.1 => /lib/x86_64-linux-gnu/libz.so.1 (0x00007ff94ede0000)
        libdl.so.2 => /lib/x86_64-linux-gnu/libdl.so.2 (0x00007ff94ebdc000)
        librt.so.1 => /lib/x86_64-linux-gnu/librt.so.1 (0x00007ff94e9d4000)
        libpthread.so.0 => /lib/x86_64-linux-gnu/libpthread.so.0 (0x00007ff94e7b7000)
```

```
                libstdc++.so.6 => /usr/lib/x86_64-linux-gnu/libstdc++.so.6 (0x00007ff94e435000)
                libm.so.6 => /lib/x86_64-linux-gnu/libm.so.6 (0x00007ff94e131000)
                libgcc_s.so.1 => /lib/x86_64-linux-gnu/libgcc_s.so.1 (0x00007ff94df1a000)
                libc.so.6 => /lib/x86_64-linux-gnu/libc.so.6 (0x00007ff94db7b000)
                /lib64/ld-linux-x86-64.so.2 (0x00007ff94effa000)
root@f4fbf5e46315:/app# exit
exit
$ docker run --rm -it pdfkit-app bash
root@8ad5904fd3ca:/app# dpkg -S libXrender.so.1 libfontconfig.so.1 libfreetype.so.6 libXext.so.6
libX11.so.6 | awk -F: '{print $1;}' | sort -u
libfontconfig1
libfreetype6
libx11-6
libxext6
libxrender1
root@8ad5904fd3ca:/app# exit
exit
```

これで不足しているパッケージを洗い出すことができました。これらのパッケージもインストールするように、`apt-get install`でパッケージをインストールしている部分を次のように変更します。

データ5-1-3-5：Dockerfile（修正）

```
# パッケージをインストールする
RUN apt-get update && \
    apt-get install -y --no-install-recommends \
        fonts-ipaexfont \
        libfontconfig1 \
        libfreetype6 \
        libmariadbclient18 \
        libssl1.0-dev \
        libx11-6 \
        libxext6 \
        libxrender1 \
        && \
    rm -rf /var/lib/apt/lists/*
```

ここまでの対応を行った状態で`docker build`を実行して、エラーにならずにイメージがビルドできることを確認します。

コマンド5-1-3-8

```
$ docker build -t pdfkit-app-slim .
Sending build context to Docker daemon  4.608kB
Step 1/7 : FROM ruby:2.6.1-slim-stretch
 ---> 26682ea22183
Step 2/7 : RUN apt-get update &&     apt-get install -y --no-install-recommends     fonts-ipaexfont     libfontconfig1     libfreetype6     libmariadbclient18     libssl1.0-dev     libx11-6     libxext6     libxrender1     && rm -rf /var/lib/apt/lists/*
 ---> Running in 80ff090a78e0

...中略...

The following NEW packages will be installed:
  fontconfig-config fonts-dejavu-core fonts-ipaexfont fonts-ipaexfont-gothic
  fonts-ipaexfont-mincho libbsd0 libexpat1 libfontconfig1 libfreetype6
  libmariadbclient18 libpng16-16 libssl1.0-dev libssl1.0.2 libx11-6
  libx11-data libxau6 libxcb1 libxdmcp6 libxext6 libxrender1 mysql-common ucf
0 upgraded, 22 newly installed, 1 to remove and 5 not upgraded.

...中略...

Successfully built a07d1e25c877
Successfully tagged pdfkit-app-slim:latest
```

ビルドされたイメージのサイズを確認してみます。

コマンド5-1-3-9

```
$ docker images pdfkit-app-slim
REPOSITORY        TAG       IMAGE ID       CREATED         SIZE
pdfkit-app-slim   latest    a07d1e25c877   2 minutes ago   216MB
```

図5-1-3-5：slimイメージをベースに減量したイメージ

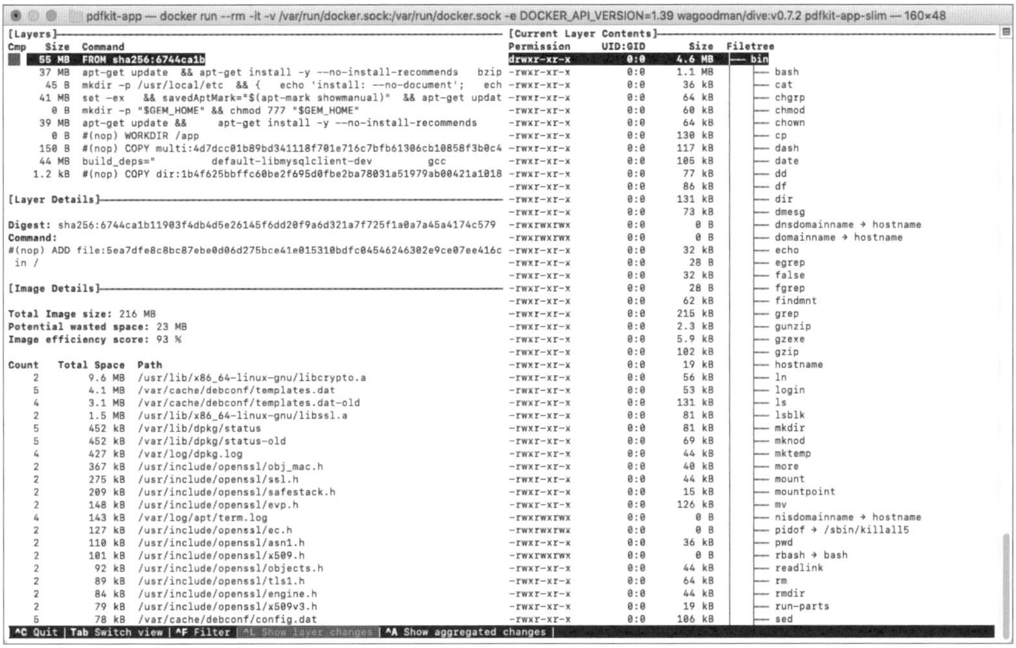

```
[Layers output - dive tool showing layer details]
Total Image size: 216 MB
Potential wasted space: 23 MB
Image efficiency score: 93 %
```

トータルのイメージサイズは216MBとなり、標準のベースイメージを使った場合（942MB）に比べて23%ほどに減量することができました。

5-1-4 マルチステージビルドを使う

先の手順では、イメージサイズを削減するために拡張モジュールのビルドに必要なパッケージを削除していました。初期のバージョンでは提供されていなかった**マルチステージビルド（Multi-stage build）**を使うことで、この手順をシンプルにし、ビルド時にキャッシュを効率的に使うこともできるようになります。

ここでは、gemをインストールする処理を別ステージでビルドするようにします。Dockerfileを次の内容で作成します。

データ5-1-4-1：Dockerfile

```
FROM ruby:2.6.1-stretch AS gemfiles

WORKDIR /app
```

```
# Gemをインストールする
COPY Gemfile Gemfile.lock ./
RUN bundle install && \
    rm -rf \
        $(gem contents wkhtmltopdf-binary | grep -E '_darwin_x86$|_linux_x86$') \
        "${GEM_HOME}/cache"


FROM ruby:2.6.1-slim-stretch

# パッケージをインストールする
RUN apt-get update && \
    apt-get install -y --no-install-recommends \
        fonts-ipaexfont \
        libfontconfig1 \
        libfreetype6 \
        libmariadbclient18 \
        libssl1.0-dev \
        libx11-6 \
        libxext6 \
        libxrender1 \
        && \
    rm -rf /var/lib/apt/lists/*

# Gemのファイルを持ってくる
COPY --from=gemfiles /usr/local/bundle/ /usr/local/bundle/

WORKDIR /app

# アプリケーションをコピーする
COPY . ./
CMD ["ruby", "app.rb"]
```

最初のステージでは、`bundle install`関連の手順のみを適用したイメージを**gemfiles**という名前でビルドしています。その後の最終イメージでは、`bundle install`していた部分が**COPY --from=gemfiles**となっており、インストール後のファイル一式をコピーするようにしています。
拡張モジュールをビルドしていたgemfilesステージではパッケージの削除などをしていないことに注意してください。ステージにファイルが残っていても、COPYされない部分は最終イメージに影響しないためです。

この内容でイメージをビルドします。

コマンド 5-1-4-1

```
$ docker build -t pdfkit-app-slim .
Sending build context to Docker daemon  4.608kB
Step 1/10 : FROM ruby:2.6.1-stretch AS gemfiles
 ---> 99ef552a6db8

                              ...中略...

Bundle complete! 3 Gemfile dependencies, 4 gems now installed.

                              ...中略...

Step 5/10 : FROM ruby:2.6.1-slim-stretch
 ---> 26682ea22183

                              ...中略...

Step 7/10 : COPY --from=gemfiles /usr/local/bundle/ /usr/local/bundle/
 ---> 67e396224967

                              ...中略...

Successfully built f192a0dda290
Successfully tagged pdfkit-app-slim:latest
```

ビルドされたイメージのサイズを確認してみます。

コマンド 5-1-4-2

```
$ docker images pdfkit-app-slim
REPOSITORY        TAG         IMAGE ID        CREATED             SIZE
pdfkit-app-slim   latest      f192a0dda290    About a minute ago  215MB
```

図5-1-4-1：マルチステージビルドを使って減量したイメージ

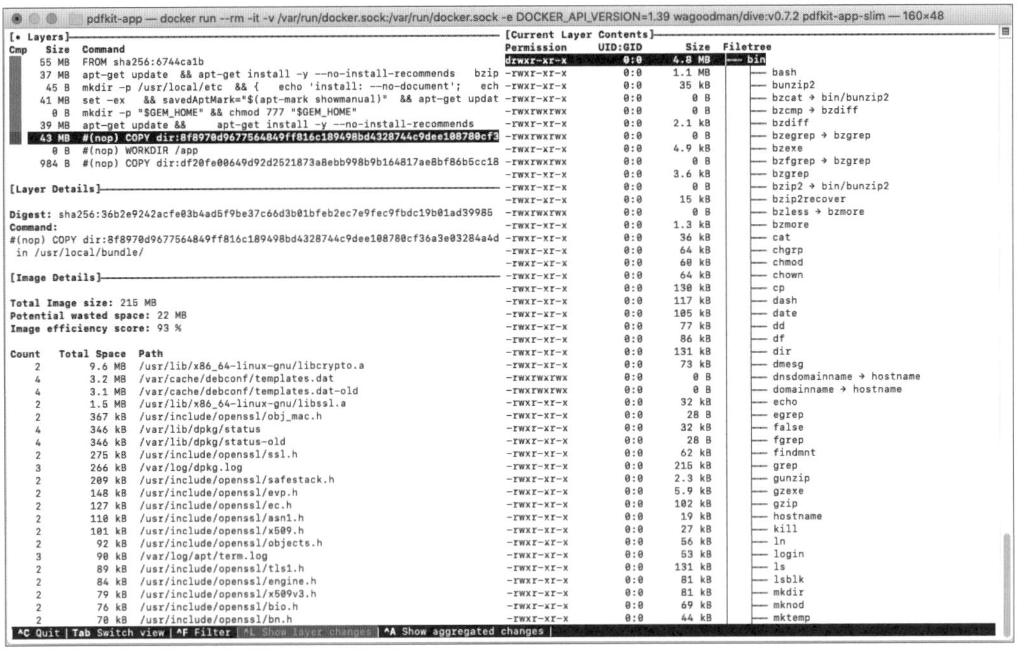

イメージ全体のサイズが215MBと、さらに削減することができました。**apt-get**などの処理で更新されていたファイルが含まれなくなったことで、さらにイメージサイズを削減できるようになっています。

5-1-5 Alpineイメージを使う

Docker公式のイメージの多くはDebianやUbuntuをベースにしていますが、**Alpine Linux**をベースにしたイメージも提供されています。Rubyのイメージでは、Alpine Linuxをベースにしたイメージのタグには**-alpine**がつけられています。

Alpine Linuxはインストールに必要なストレージ容量が少ないのが特徴で、イメージサイズを削減するために用いられるベースイメージとして人気があります。Debianのベースイメージ（debian:stretch-slim）では55MBほどの容量が必要になりますが、Alpineのベースイメージ（alpine:3.9）では5.5MBほどの容量で済むようになっており、ベースイメージを切り替えるだけでも50MBほどの容量を削減することができます。

容量削減のため、他のディストリビューションとは異なるプログラム（主要なコマンドはBusyBox、標準Cライブラリはmusl）が使われている点に注意が必要です。例えば、これまでもシェルで使っていたbashはインストールされていません。

必要であれば明示的にインストールしておくか、代わりにBusyBoxのshを使う必要があります。他の一般的なコマンドであっても、オプションなどの微妙な動作の違いによって正しく動作しない場合もあります。ディストリビューションの異なるベースイメージに切り替える場合は、スクリプトファイルやアプリケーションの動作は改めて確認しておいたほうがよいでしょう。

パッケージをインストールする場合の手順

Apline Linuxを使う場合、パッケージ管理の仕組みが独自のapkを使うようになっています。追加のパッケージをインストールしている場合、Dockerfileのコマンドやパッケージ名を適切なものにする必要があります。

パッケージ管理に使うapkコマンドは、DebianやUbuntuで用いられるapt（やapt-get）と近いものになっています。各々の対応を次の表にまとめました。

表5-1-5-1：apkコマンドとaptコマンドの対応

apkのコマンド	対応するaptのコマンド	コマンドの内容
apk add	apt install apt-get install	パッケージを追加する
apk del	apt remove apt-get remove	パッケージを削除する
apk update	apt update apt-get update	パッケージ一覧を更新する
apk info	apt show apt-cache show	パッケージの情報を表示する
apk search	apt search apt-cache search	パッケージを検索する
apk upgrade	apt upgrade apt-get upgrade	インストールされているパッケージをアップグレードする
apk fetch	apt install -d apt-get install -d	パッケージをダウンロードする（がインストールはしない）

apkコマンドでは、容量を節約するための役に立つオプションが用意されています。たとえば`apk add`に`--no-cache`オプションを指定すると、パッケージインデックスなどのファイルを残さないようになり、`rm -rf`で削除する手順が不要になります。また、`apk add`で`--virtual`オプションを使うとインストールされたパッケージをまとめて名前をつけることができます。

これらのオプションを用いると、ビルド時のみに必要なパッケージをインストールする処理を次のように書くことができます。

データ5-1-5-1:Dockerfile

```
# ビルド時にのみ必要なパッケージに buildonly-deps という名前をつけて、bundle install後に削除する
RUN apk add --no-cache --virtual buildonly-deps \
        build-base \
        mariadb-connector-c-dev \
        && \
    bundle install && \
    apk del buildonly-deps
```

Alpineイメージをベースにビルドしてみる

それでは、先のサンプルで作成した**pdfkit-app**を**Alpine**ベースのイメージでビルドしてみましょう。**Dockerfile**は次のようになります。

データ5-1-5-2:Dockerfile

```
FROM ruby:2.6.1-alpine3.9 AS gemfiles

# ビルドに必要なパッケージをインストールする
RUN apk add --no-cache \
        build-base \
        mariadb-connector-c-dev

WORKDIR /app

# Gemをインストールする
COPY Gemfile Gemfile.lock ./
RUN bundle install && \
    rm -rf "${GEM_HOME}/cache"



FROM ruby:2.6.1-alpine3.9

# パッケージをインストールする
RUN apk add --no-cache --repository http://dl-cdn.alpinelinux.org/alpine/edge/testing/ \
        mariadb-connector-c
RUN apk add --no-cache \
        wkhtmltopdf

# 日本語フォント(IPAexフォント)をインストールする
RUN zip_basename=IPAexfont00401 && \
```

```
    mkdir -p /tmp/_ && cd /tmp/_ && \
    \
    wget -q https://oscdl.ipa.go.jp/IPAexfont/${zip_basename}.zip && \
    unzip ${zip_basename}.zip && \
    \
    mkdir -p /usr/share/fonts/TTF && \
    cp ${zip_basename}/*.ttf /usr/share/fonts/TTF/ && \
    \
    fc-cache -v && \
    cd /tmp && rm -rf /tmp/_

# Gemのファイルを持ってくる
COPY --from=gemfiles /usr/local/bundle/ /usr/local/bundle/

WORKDIR /app

# アプリケーションをコピーする
COPY . ./
CMD ["ruby", "app.rb"]
```

Alpine Linuxでは**wkhtmltopdf-binary** gemでインストールされるバイナリが動作しなかったため、Version 3.9からパッケージで提供されている**wkhtmltopdf**を使うようにしました。ここではパッケージのサイズを比較するため、別々のレイヤーでインストールされるようにしています。

Debiandで提供されていた**IPAexフォント**（**fonts-ipaexfont**パッケージ）はAlpineのリポジトリでは提供されていませんでした。そのため、IPAの配布先から直接ダウンロードして展開するようにしています。IPAフォントでよければtestingリポジトリで提供されているので、次のようにすれば**font-ipa**パッケージをインストールすることが可能です。

データ5-1-5-3：Dockerfile

```
# 日本語フォント(IPAフォント)をインストールする
RUN apk add --no-cache --repository http://dl-cdn.alpinelinux.org/alpine/edge/testing/ \
        font-ipa
```

Gemfileからは**wkhtmltopdf-binary**を削除して、次の内容で作成しました。

データ5-1-5-4：Gemfile

```
# frozen_string_literal: true

source "https://rubygems.org"

gem "mysql2", "~> 0.5.2"
gem "pdfkit", "~> 0.8.2"
```

コマンド5-1-5-1

```
$ docker build -t pdfkit-app-alpine .
Sending build context to Docker daemon    5.12kB
Step 1/12 : FROM ruby:2.6.1-alpine3.9 AS gemfiles
2.6.1-alpine3.9: Pulling from library/ruby

                          ...中略...

Using bundler 1.17.3
Fetching mysql2 0.5.2
Installing mysql2 0.5.2 with native extensions
Fetching pdfkit 0.8.4.1
Installing pdfkit 0.8.4.1
Bundle complete! 2 Gemfile dependencies, 3 gems now installed.

                          ...中略...

Step 7/13 : RUN apk add --no-cache         mariadb-connector-c
 ---> Running in 960de8bba78d
fetch http://dl-cdn.alpinelinux.org/alpine/v3.9/main/x86_64/APKINDEX.tar.gz
fetch http://dl-cdn.alpinelinux.org/alpine/v3.9/community/x86_64/APKINDEX.tar.gz
(1/1) Installing mariadb-connector-c (3.0.8-r0)
OK: 26 MiB in 38 packages
Removing intermediate container 960de8bba78d
 ---> f0f502c9275a
Step 8/13 : RUN apk add --no-cache         wkhtmltopdf
 ---> Running in 2a6ceaa1f995
fetch http://dl-cdn.alpinelinux.org/alpine/v3.9/main/x86_64/APKINDEX.tar.gz
fetch http://dl-cdn.alpinelinux.org/alpine/v3.9/community/x86_64/APKINDEX.tar.gz

                          ...中略...
```

```
(84/84) Installing wkhtmltopdf (0.12.5-r0)
Executing busybox-1.29.3-r10.trigger
Executing glib-2.58.1-r2.trigger
OK: 164 MiB in 122 packages

                            ...中略...

Step 9/13 : RUN zip_basename=IPAexfont00301 &&     mkdir -p /tmp/_ && cd /tmp/_ &&        wget
-q https://oscdl.ipa.go.jp/IPAexfont/${zip_basename}.zip &&     unzip ${zip_basename}.zip &&
mkdir -p /usr/share/fonts/TTF &&      cp ${zip_basename}/*.ttf /usr/share/fonts/TTF/ &&
fc-cache &&       cd /tmp && rm -rf /tmp/_
 ---> Running in aceb58c08487
Archive:  IPAexfont00301.zip
   creating: IPAexfont00301/
  inflating: IPAexfont00301/ipaexg.ttf
  inflating: IPAexfont00301/ipaexm.ttf
  inflating: IPAexfont00301/IPA_Font_License_Agreement_v1.0.txt
  inflating: IPAexfont00301/Readme_IPAexfont00301.txt

                            ...中略...

Successfully built fe180f0c2636
Successfully tagged pdfkit-app-alpine:latest
```

ビルドされたイメージのサイズを調査してみます。

コマンド5-1-5-2

```
$ docker images pdfkit-app-alpine
REPOSITORY          TAG             IMAGE ID         CREATED              SIZE
pdfkit-app-alpine   latest          fe180f0c2636     About a minute ago   213MB
```

図5-1-5-1：alpineイメージをベースに減量したイメージ

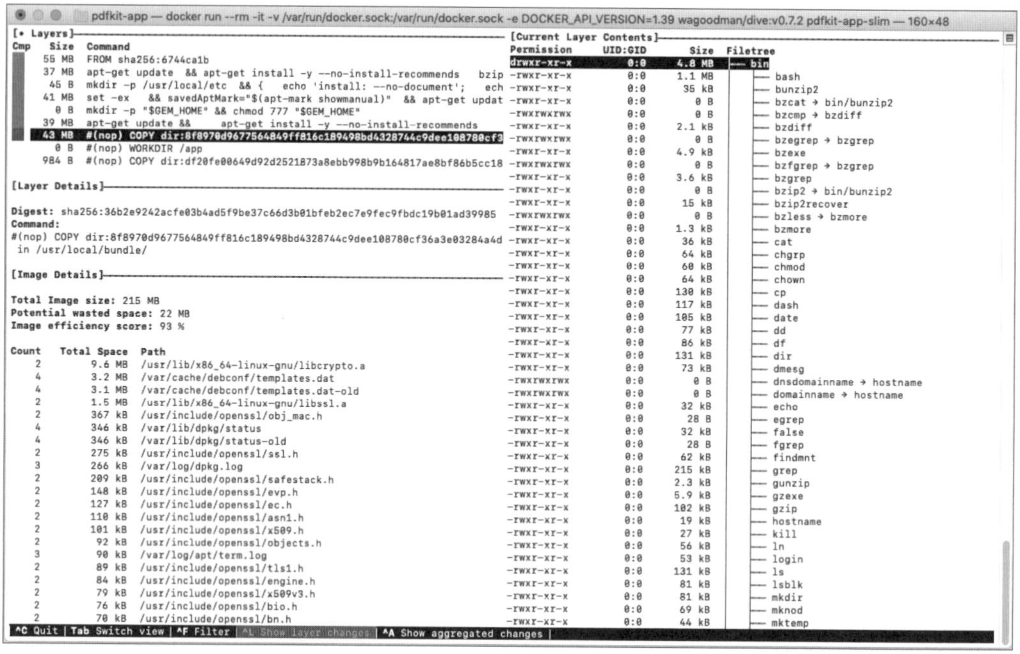

イメージ全体のサイズが213MBと、前の215MBに比べると大幅には削減されていないようです。各レイヤーのサイズを詳しく見てみると、PDF生成に用いているwkhtmltopdfをAlpineのパッケージでインストールしていることが、イメージサイズの増加につながっていることがわかります。

Debianベースのイメージで使っていたwkhtmltopdf-binary gemを使った場合、gemによってインストールされるバイナリファイルのサイズは40MBほどでした。Alpineのwkhtmltopdfパッケージでは依存しているライブラリが多く、これらをインストールしたレイヤーのサイズが139MBと、gemの場合に比べて100MB弱の増加になっていることがわかります。

5-1-6 BuildKitを使う

BuildKitは新しいビルド用のバックエンドで、Dockerのバージョン18.09から（experimentalでは18.06から）採用されました。

これまでのDockerのビルド環境では、キャッシュの扱いやコマンドを実行するコンテナ環境の扱いが柔軟ではない問題がありました。BuildKitを使うことで、これまでよりも柔軟かつ高速にビルドを実行することができるようになります。

BuildKitを有効にしてビルドする

Dockerのバージョン18.09以降であれば、次のようにdockerコマンドを実行する環境で**DOCKER_BUILDKIT**環境変数を1にセットすることでBuildKitが有効になります。Docker Composeは執筆時点では未サポートのようです。

前述の**pdfkit-app-alpine**イメージをビルドした環境で動作を確認してみます。LinuxやMac環境でbash系のシェルを使っている場合は、次のように`DOCKER_BUILDKIT=1`を先頭につけて`docker build`コマンドを実行します。実行時間を比較するために**time**コマンド、キャッシュを使わないように`--no-cache`オプションを指定しています。

コマンド5-1-6-1

```
$ time DOCKER_BUILDKIT=1 docker build --no-cache -t pdfkit-app-alpine .
[+] Building 25.9s (15/15) FINISHED
 => [internal] load build definition from Dockerfile
0.0s
 => => transferring dockerfile: 1.14kB
0.0s
 => [internal] load .dockerignore
0.0s
 => => transferring context: 2B
0.0s
 => [internal] load metadata for docker.io/library/ruby:2.6.1-alpine3.9
0.0s
 => [internal] helper image for file operations
0.0s
 => => resolve docker.io/docker/dockerfile-copy:v0.1.9@sha256:e8f159d3f00786604b93c675ee2783f8dc194bb565e61ca5788   0.0s
```

```
 => => sha256:e8f159d3f00786604b93c675ee2783f8dc194bb565e61ca5788f6a6e9d304061 2.03kB / 2.03kB
0.0s
 => => sha256:a546a4352bcaa6512f885d24fef3d9819e70551b98535ed1995e4b567ac6d05b 736B / 736B
0.0s
 => => sha256:494e63343c3f0d392e7af8d718979262baec9496a23e97ad110d62b9c90d6182 766B / 766B
0.0s
 => [internal] load build context
0.0s
 => => transferring context: 1.34kB
0.0s
 => [stage-1 1/6] FROM docker.io/library/ruby:2.6.1-alpine3.9
0.0s
 => => resolve docker.io/library/ruby:2.6.1-alpine3.9
0.0s
 => [stage-1 2/6] RUN apk add --no-cache        mariadb-connector-c
1.3s
 => [gemfiles 2/4] RUN apk add --no-cache        build-base          mariadb-connector-c-dev
11.6s
 => [stage-1 3/6] RUN apk add --no-cache        wkhtmltopdf
10.9s
 => [gemfiles 3/4] COPY Gemfile Gemfile.lock ./
0.7s
 => [stage-1 4/6] RUN zip_basename=IPAexfont00301 &&     mkdir -p /tmp/_ && cd /tmp/_ && wget -q https:/   11.1s
 => [gemfiles 4/4] RUN bundle install &&     rm -rf "/usr/local/bundle/cache"
11.2s
 => [stage-1 5/6] COPY --from=gemfiles /usr/local/bundle/ /usr/local/bundle/
0.6s
 => [stage-1 6/6] COPY . ./
1.1s
 => exporting to image
0.7s
 => => exporting layers
0.7s
 => => writing image sha256:4329aeda1acc51cb920def8046e1f6d8e690d64e50680bbb8117ae8d27653114
0.0s
 => => naming to docker.io/library/pdfkit-app-alpine
0.0s

real    0m25.958s
user    0m0.100s
sys     0m0.046s
```

出力の先頭にあるように、BuildKitでは26秒ほどでビルドが完了していることがわかります。ビルド処理はネットワークの状態などにも左右されますが、体感としても高速になっていることがわかります。比較のために、BuildKitを使わない場合のビルド時間も計測してみます。この場合はおよそ45秒ほどの時間がかかっています。

コマンド5-1-6-2

```
$ time docker build --no-cache -t pdfkit-app-alpine .

                              ...中略...

real    0m44.234s
user    0m0.048s
sys     0m0.026s
```

出力を見ていると、**マルチステージビルド**の場合は各々のステージが並列に処理されていることがわかります。

図5-1-6-1：BuildKitを使った場合のビルド

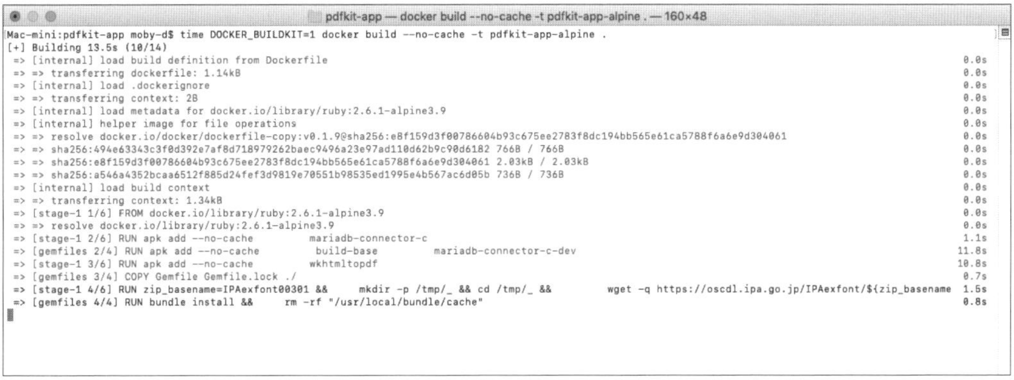

BuildKitは各々の処理の依存関係を詳しく調べるようになっていて、別ステージのファイルシステムに依存しない処理であれば並列処理するようになっています。

BuildKit向けにビルドを最適化する

BuildKitを使ったビルドでは、**マルチステージビルド**を活用することでビルド時間を短縮することができます。

先の**pdfkit-app-alpine**イメージのビルド手順では、フォントのインストール処理を一部別ステージに切り出すことができます。フォントファイルのダウンロードと展開の処理は他の（パッケージのインストールといった）手順に依存せず、最終的なイメージでも不要なためです。この処理を別ステージにすることで、ビルド時間が短縮するかどうか試してみましょう。

Dockerfileを次の内容で用意します。

データ5-1-6-1：Dockerfile

```
FROM ruby:2.6.1-alpine3.9 AS gemfiles

# ビルドに必要なパッケージをインストールする
RUN apk add --no-cache \
        build-base \
        mariadb-connector-c-dev

WORKDIR /app

# Gemをインストールする
COPY Gemfile Gemfile.lock ./
RUN bundle install && \
    rm -rf "${GEM_HOME}/cache"



FROM ruby:2.6.1-alpine3.9 AS fonts

WORKDIR /tmp

# 日本語フォント(IPAexフォント)を準備する
ENV zip_basename=IPAexfont00301
RUN wget -q https://oscdl.ipa.go.jp/IPAexfont/${zip_basename}.zip

RUN unzip ${zip_basename}.zip && \
    mv ${zip_basename} IPAexfont



FROM ruby:2.6.1-alpine3.9

# パッケージをインストールする
```

```
RUN apk add --no-cache \
        mariadb-connector-c
RUN apk add --no-cache \
        wkhtmltopdf

# フォントをインストールする
COPY --from=fonts /tmp/IPAexfont/*.ttf /usr/share/fonts/TTF/
RUN fc-cache

# Gemのファイルを持ってくる
COPY --from=gemfiles /usr/local/bundle/ /usr/local/bundle/

WORKDIR /app

# アプリケーションをコピーする
COPY . ./
CMD ["ruby", "app.rb"]
```

フォントファイルのコピーまでを**fonts**ステージで処理するようにしました。一時ファイルを削除する必要がなくなったため、手順もすっきりとしています。

この内容でビルドを実行してみます。

コマンド5-1-6-3

```
$ time DOCKER_BUILDKIT=1 docker build --no-cache -t pdfkit-app-alpine .
[+] Building 28.6s (18/18) FINISHED
 => [internal] load .dockerignore
0.0s
 => => transferring context: 2B
0.0s
 => [internal] load build definition from Dockerfile
0.0s
 => => transferring dockerfile: 1.12kB
0.0s
 => [internal] load metadata for docker.io/library/ruby:2.6.1-alpine3.9
0.0s
 => [stage-2 1/7] FROM docker.io/library/ruby:2.6.1-alpine3.9
0.0s
 => => resolve docker.io/library/ruby:2.6.1-alpine3.9
0.0s
 => [internal] load build context
0.0s
```

```
 => => transferring context: 1.32kB                                           0.0s
 => [internal] helper image for file operations                               0.0s
 => => resolve docker.io/docker/dockerfile-copy:v0.1.9@sha256:e8f159d3f00786604b93c675ee2783f8dc
194bb565e61ca5788  0.0s
 => => sha256:e8f159d3f00786604b93c675ee2783f8dc194bb565e61ca5788f6a6e9d304061 2.03kB / 2.03kB
0.0s
 => => sha256:a546a4352bcaa6512f885d24fef3d9819e70551b98535ed1995e4b567ac6d05b 736B / 736B
0.0s
 => => sha256:494e63343c3f0d392e7af8d718979262baec9496a23e97ad110d62b9c90d6182 766B / 766B
0.0s
 => [fonts 2/3] RUN wget -q https://oscdl.ipa.go.jp/IPAexfont/IPAexfont00301.zip
9.7s
 => [gemfiles 2/4] RUN apk add --no-cache  build-base mariadb-connector-c-dev
14.9s
 => [stage-2 2/7] RUN apk add --no-cache          mariadb-connector-c         4.2s
 => [stage-2 3/7] RUN apk add --no-cache          wkhtmltopdf                 11.3s
 => [fonts 3/3] RUN unzip IPAexfont00301.zip &&    mv IPAexfont00301 IPAexfont 1.0s
 => [gemfiles 3/4] COPY Gemfile Gemfile.lock ./                               0.6s
 => [gemfiles 4/4] RUN bundle install &&   rm -rf "/usr/local/bundle/cache"   10.8s
 => [stage-2 4/7] COPY --from=fonts /tmp/IPAexfont/*.ttf /usr/share/fonts/TTF/ 1.1s
 => [stage-2 5/7] RUN fc-cache                                                1.2s
 => [stage-2 6/7] COPY --from=gemfiles /usr/local/bundle/ /usr/local/bundle/  0.6s
 => [stage-2 7/7] COPY . ./                                                   0.9s
 => exporting to image                                                        0.7s
 => => exporting layers                                                       0.6s
 => => writing image sha256:aedc188cec3bd448fd12ff986868461f33aaebf4a5686e3e7f43146fef0f6bb4
0.0s
 => => naming to docker.io/library/pdfkit-app-alpine
0.0s

real    0m28.686s
user    0m0.116s
sys     0m0.052s
```

　全体のビルド時間は期待したほどに改善しませんでした。ネットワークの状況によっては、むしろ前回のビルドよりも時間がかかっていることがわかります。フォントのzipファイルをダウンロードするのに10秒程度の時間がかかっていますが、並列に実行しても、その時間だけ短くなるわけではないようです。

ビルド中の出力を確認してみると、終盤で`bundle install`を実行しているところで待ちが発生していることが確認できます。

図5-1-6-2：BuildKitのビルド

```
pdfkit-app — docker build --no-cache -t pdfkit-app-alpine . — 160×48
Mac-mini:pdfkit-app moby-d$ time DOCKER_BUILDKIT=1 docker build --no-cache -t pdfkit-app-alpine .
[+] Building 20.6s (14/17)
 => [internal] load build definition from Dockerfile                                                0.0s
 => => transferring dockerfile: 1.12kB                                                              0.0s
 => [internal] load .dockerignore                                                                   0.0s
 => => transferring context: 2B                                                                     0.0s
 => [internal] load metadata for docker.io/library/ruby:2.6.1-alpine3.9                             0.0s
 => [internal] helper image for file operations                                                     0.0s
 => => resolve docker.io/docker/dockerfile-copy:v0.1.9@sha256:e8f159d3f00786604b93c675ee2783f8dc194bb565e61ca5788f6a6e9d304061   0.0s
 => => sha256:a546a4352bcaa6512f885d24fef3d9819e70551b98535ed1995e4b567ac6d05b 736B / 736B          0.0s
 => => sha256:494e63343c3f0d392e7af8d718979262baec9496a23e97ad110d62b9c90d6182 766B / 766B          0.0s
 => => sha256:e8f159d3f00786604b93c675ee2783f8dc194bb565e61ca5788f6a6e9d304061 2.03kB / 2.03kB      0.0s
 => [internal] load build context                                                                   0.0s
 => => transferring context: 1.32kB                                                                 0.0s
 => [stage-2 1/7] FROM docker.io/library/ruby:2.6.1-alpine3.9                                       0.0s
 => => resolve docker.io/library/ruby:2.6.1-alpine3.9                                               0.0s
 => [fonts 2/3] RUN wget -q https://oscdl.ipa.go.jp/IPAexfont/IPAexfont00301.zip                   10.9s
 => [gemfiles 2/4] RUN apk add --no-cache         build-base         mariadb-connector-c-dev       14.9s
 => [stage-2 2/7] RUN apk add --no-cache         mariadb-connector-c                                4.2s
 => [stage-2 3/7] RUN apk add --no-cache         wkhtmltopdf                                       11.4s
 => [fonts 3/3] RUN unzip IPAexfont00301.zip &&     mv IPAexfont00301 IPAexfont                     1.0s
 => [gemfiles 3/4] COPY Gemfile Gemfile.lock ./                                                     0.6s
 => [stage-2 4/7] COPY --from=fonts /tmp/IPAexfont/*.ttf /usr/share/fonts/TTF/                      1.1s
 => [gemfiles 4/4] RUN bundle install &&     rm -rf "/usr/local/bundle/cache"                       5.0s
 => [stage-2 5/7] RUN fc-cache                                                                      1.4s
```

すなわち、全体のビルド時間はgemのインストール（と、それに必要なパッケージのインストール）時間で律速されていることがわかります。

BuildKit用の文法を使ってみる

BuildKitではDockerfileの文法も強化されています。Dockerfileの最初の行に次の記述をすることで、BuildKitで拡張された構文が使えるようになります。

データ5-1-6-2：Dockerfile（一部）

```
# syntax=docker/dockerfile:1.0-experimental
```

Chapter 5

使えるようになる構文は次の通りです。

表5-1-6-1：BuildKitで拡張された構文

構文	解説
RUN --mount=type=bind	別のイメージにあるディレクトリをマウントしてアクセスできるようにする（書き込みは反映できない）
RUN --mount=type=cache	指定したディレクトリの内容がキャッシュされるようにする
RUN --mount=type=tmpfs	指定したディレクトリにtmpfsをマウントする（書き込んだ内容がレイヤーに保存されなくなる）
RUN --mount=type=secret	イメージに含めるべきでないファイルへアクセスできるようにする（アクセスキーといった認証情報など）
RUN --mount=type=ssh	SSHエージェントのアクセスを提供する（プライベートリポジトリを git clone するのに便利）

構文の詳細は次のリンク先から確認できます。

> https://github.com/moby/buildkit/blob/master/frontend/dockerfile/docs/experimental.md

ビルド時に使うファイルがキャッシュされるようにする

RUN --mount=type=cacheを使って、ビルド時のコンテナでもファイルがキャッシュされるようにしてみましょう。
Dockerfileを次の内容で用意します。

データ5-1-6-3：Dockerfile

```
# syntax=docker/dockerfile:1.0-experimental

FROM ruby:2.6.1-alpine3.9 AS base

# apkファイルがキャッシュされるように設定し、インデックスを取得しておく
RUN --mount=type=cache,id=apk,target=/var/cache/apk \
    ln -s /var/cache/apk /etc/apk/cache && \
    apk update


FROM base AS gemfiles

# ビルドに必要なパッケージをインストールする
RUN --mount=type=cache,id=apk,target=/var/cache/apk \
    apk add \
```

```
        build-base \
        mariadb-connector-c-dev

WORKDIR /app

# Gemをインストールする
COPY Gemfile Gemfile.lock ./

RUN --mount=type=cache,id=gem,target=/usr/local/bundle/cache \
    --mount=type=cache,id=bundle,target=/root/.bundle/cache \
    bundle install


FROM base AS fonts

WORKDIR /tmp

# 日本語フォント(IPAexフォント)を準備する
ENV zip_basename=IPAexfont00301
RUN --mount=type=cache,id=src,target=/tmp/src \
    if [ ! -f src/${zip_basename}.zip ]; then \
        wget -q https://oscdl.ipa.go.jp/IPAexfont/${zip_basename}.zip && \
        mv ${zip_basename}.zip src/ ; \
    fi && \
    \
    unzip src/${zip_basename}.zip && \
    mv ${zip_basename} IPAexfont


FROM base

# パッケージをインストールする
RUN --mount=type=cache,id=apk,target=/var/cache/apk \
    apk add \
        mariadb-connector-c \
        wkhtmltopdf

# フォントをインストールする
COPY --from=fonts /tmp/IPAexfont/*.ttf /usr/share/fonts/TTF/
RUN fc-cache

# Gemのファイルを持ってくる
COPY --from=gemfiles /usr/local/bundle/ /usr/local/bundle/

WORKDIR /app
```

```
# アプリケーションをコピーする
COPY . ./
CMD ["ruby", "app.rb"]
```

Alpine Linuxでは**/etc/apk/cache**にシンボリックリンクを作成すると、そのリンク先にパッケージファイルをキャッシュするようになります。このリンク先をインデックスファイルの保存先と同じ**/var/cache/apk**にして、ビルド時にキャッシュするようにしています。また、bundleやgemといったファイルもキャッシュするように設定しました。

このDockerfileをBuildKitでビルドすると、2回目以降のビルドが高速化されていることが確認できます。

コマンド5-1-6-4

```
$ time DOCKER_BUILDKIT=1 docker build --no-cache -t pdfkit-app-alpine .
[+] Building 14.1s (19/19) FINISHED
 => [internal] load .dockerignore
0.0s
 => => transferring context: 2B
0.0s
 => [internal] load build definition from Dockerfile
0.0s
 => => transferring dockerfile: 1.69kB
0.0s
 => resolve image config for docker.io/docker/dockerfile:1.0-experimental
0.6s
 => CACHED docker-image://docker.io/docker/dockerfile:1.0-experimental@sha256:cbd6491240cc8894d2
5e366ba83da19df11   0.0s
 => [internal] load metadata for docker.io/library/ruby:2.6.1-alpine3.9
0.0s
 => [internal] load build context
0.0s
 => => transferring context: 1.77kB
0.0s
 => CACHED [internal] helper image for file operations
0.0s
 => CACHED [base 1/2] FROM docker.io/library/ruby:2.6.1-alpine3.9
0.0s
 => [base 2/2] RUN --mount=type=cache,id=apk,target=/var/cache/apk      ln -s /var/cache/apk /etc/
apk/cache &&       0.7s
```

```
 => [gemfiles 1/3] RUN --mount=type=cache,id=apk,target=/var/cache/apk     apk add
build-base         mar  3.1s
 => [stage-3 1/5] RUN --mount=type=cache,id=apk,target=/var/cache/apk     apk add
mariadb-connector-c       1.6s
 => [fonts 1/1] RUN --mount=type=cache,id=src,target=/tmp/src      if [ ! -f src/IPAexfont00301.
zip ]; then         2.2s
 => [stage-3 2/5] COPY --from=fonts /tmp/IPAexfont/*.ttf /usr/share/fonts/TTF/
0.8s
 => [stage-3 3/5] RUN fc-cache
0.7s
 => [gemfiles 2/3] COPY Gemfile Gemfile.lock ./
0.6s
 => [gemfiles 3/3] RUN --mount=type=cache,id=gem,target=/usr/local/bundle/cache
--mount=type=cache,id=bundle,  5.9s
 => [stage-3 4/5] COPY --from=gemfiles /usr/local/bundle/ /usr/local/bundle/
0.6s
 => [stage-3 5/5] COPY . ./
0.9s
 => exporting to image
0.8s
 => => exporting layers
0.8s
 => => writing image sha256:663c82903a1c0a12c871595c228e77c8525f44c52da051982f27fae1e1128e54
0.0s
 => => naming to docker.io/library/pdfkit-app-alpine
0.0s

real    0m14.170s
user    0m0.086s
sys     0m0.046s
```

ここでは--no-cacheオプションを指定していることに注意してください。各々のステップは（レイヤーのキャッシュを使わずに）常に実行していますが、そのコンテナ環境ではapkやgemなどのキャッシュが残った状態で実行されています。そのため、`apk add`や`bundle install`といった処理にかかる時間が短縮されています。

UbuntuやDebianのパッケージをキャッシュする場合

Docker公式のUbuntuイメージやDebianイメージでは、aptのパッケージが都度削除されるように設定されています。そのため、ディレクトリをキャッシュするだけではパッケージのファイルが残らずに都度ダウンロードが発生してしまいます。

次のように設定を変更してからディレクトリをキャッシュする必要があります。

データ5-1-6-4：Dockerfile（修正）

```
# syntax=docker/dockerfile:1.0-experimental
FROM ubuntu:18.04

RUN rm -f /etc/apt/apt.conf.d/docker-clean; \
    echo 'Binary::apt::APT::Keep-Downloaded-Packages "true";' > /etc/apt/apt.conf.d/keep-cache

RUN --mount=type=cache,target=/var/cache/apt \
    --mount=type=cache,target=/var/lib/apt \
    apt update && apt install -y --no-install-recommends gcc
```

5-2 エントリーポイントを使いこなす

コンテナ環境に限らず、最初に実行されるプログラムや場所のことをエントリーポイントと呼びます（entryは入り口の意味で、pointは場所の意味）。

Dockerfileでは、このエントリーポイントを設定するために**ENTRYPOINT命令**と**CMD命令**が用意されています。特定のコマンドが実行されるようにするにはCMD命令で十分ですが、ENTRYPOINT命令を上手く使うことで使い勝手のよいイメージを提供することができます。

5-2-1 ENTRYPOINTとCMDの違い

まず、DockerfileのENTRYPOINT命令とCMD命令の違いについて解説します。

ENTRYPOINTの場合

ENTRYPOINT命令は、コンテナで最初に実行するコマンドを設定します。**Dockerfile**では、次の2通りの設定方法が提供されています。

- **JSON記法（こちらのほうが推奨されている）**
    ENTRYPOINT ["echo", "a", "b"]

- **シェル形式の記法**
    ENTRYPOINT echo a b

シェル形式の記法では、**sh -c**を経由してコマンドが実行されることに注意してください。簡単なイメージをビルドしてテストしてみます。

コマンド 5-2-1-1

```
$ (echo 'FROM ubuntu:18.04'; echo 'ENTRYPOINT ps') | docker build -t test -
Sending build context to Docker daemon  2.048kB
Step 1/2 : FROM ubuntu:18.04
 ---> d131e0fa2585
Step 2/2 : ENTRYPOINT ps
 ---> Running in 9276959744e5
Removing intermediate container 9276959744e5
 ---> 5537bd469267
Successfully built 5537bd469267
Successfully tagged test:latest
$ docker inspect -f '{{json .Config.Entrypoint}}' test
["/bin/sh","-c","ps"]
$ docker run --rm -it test
  PID TTY          TIME CMD
    1 pts/0    00:00:00 sh
    6 pts/0    00:00:00 ps
```

ENTRYPOINTをシェル記法にしたため、イメージでは**["/bin/sh", "-c", "ps"]**として設定されています。そのため、**ps**コマンドが実行されたときのPIDは6になっています。この場合、**docker stop**や**docker kill**などでシグナルを送った場合の送り先が（PIDが1である）**sh**プロセスになり、**ps**コマンドのプロセスには届かない（終了できない）ことに注意してください。これを避けるためには**JSON記法**を使うか、**ENTRYPOINT exec ps**のように、**exec**コマンドを経由して実行するようにします。

CMDの場合

CMD命令は2通りの役割を持っています。次のように、ENTRYPOINT命令が設定されているかどうかで役割が変わるところがポイントです。

- ENTRYPOINTが設定されていない場合、コンテナで実行するコマンドをセットする（ENTRYPOINTと同じ）
- ENTRYPOINTが設定されている場合、それに与えるパラメーターのデフォルト値をセットする

CMDとENTRYPOINT両方を設定したイメージでテストしてみます。先の例とは異なり、JSON記法を用いていることに注意してください。

コマンド5-2-1-2

```
$ (echo 'FROM ubuntu:18.04'; echo 'ENTRYPOINT ["ps"]'; echo 'CMD ["--help"]') | docker build -t test -
Sending build context to Docker daemon  2.048kB
Step 1/3 : FROM ubuntu:18.04
 ---> d131e0fa2585
Step 2/3 : ENTRYPOINT ["ps"]
 ---> Running in 235b96f7119d
Removing intermediate container 235b96f7119d
 ---> d961a04b681e
Step 3/3 : CMD ["--help"]
 ---> Running in f6fc87321427
Removing intermediate container f6fc87321427
 ---> dbb8e697c794
Successfully built dbb8e697c794
Successfully tagged test:latest
$ docker run --rm -it test

Usage:
 ps [options]

 Try 'ps --help <simple|list|output|threads|misc|all>'
  or 'ps --help <s|l|o|t|m|a>'
 for additional help text.

For more details see ps(1).
```

ここでは**ENTRYPOINT**に**ps**を設定し、**CMD**に**--help**を設定しています。そのため、コンテナで実行されるコマンドは双方を連結した**["ps", "--help"]**になります。
`docker run`コマンドの引数が指定された場合、その値でCMD命令の設定が上書きされます。

コマンド5-2-1-3

```
$ doc
ker run --rm -it test -ef
UID        PID  PPID  C STIME TTY          TIME CMD
root         1     0  0 04:10 pts/0    00:00:00 ps -ef
```

この場合、CMDの設定は上書きされますがENTRYPOINTに設定したpsはそのままになっています。そのため、コンテナ環境では**["ps", "-ef"]**が実行されています。
docker runコマンドでも--entrypointオプションで上書きすることができます。

コマンド5-2-1-4

```
$ docker run --rm -it --entrypoint '/bin/sh' test -c 'ps -ef'
UID        PID  PPID  C STIME TTY          TIME CMD
root         1     0  0 04:13 pts/0    00:00:00 /bin/sh -c ps -ef
root         8     1  0 04:13 pts/0    00:00:00 ps -ef
```

この場合、ENTRYPOINTを**/bin/sh**に上書きし、CMDの設定も**sh -c**で実行するように上書きしています。そのため、コンテナ環境では**["sh", "-c", "ps -ef"]**が実行されています。

5-2-2 docker-entrypoint.shを用意する

前述のとおり、DockerfileにはENTRYPOINTで最初に実行するコマンドを設定し、そのデフォルト値をCMDに設定する形が一般的です。ENTRYPOINTから実行するコマンドはシェルスクリプトも設定できるため、そこで柔軟な初期処理を用意することができます。
この初期処理を行うスクリプトファイルの名前は**docker-entrypoint.sh**とすることが多いです。これをENTRYPOINTとして設定する**Dockerfile**は次のようになります。

データ5-2-2-1：Dockerfile

```
# ENTRYPOINTを設定する
COPY docker-entrypoint.sh /
ENTRYPOINT ["/docker-entrypoint.sh"]
```

ENTRYPOINTにスクリプトファイルを設定した場合、そのファイルには実行権限が付与されている必要があります。Linux環境やMac環境からビルドする際はローカルのアクセス権がそのまま渡されますが、Windows環境の場合はファイルのアクセス権が抜け落ちてしまいます。そのため、次のようにアクセス権が確実に付与されるようにしてもよいでしょう。

データ 5-2-2-2：Dockerfile

```
# ENTRYPOINTを設定する
COPY docker-entrypoint.sh /
RUN chmod 755 /docker-entrypoint.sh
ENTRYPOINT ["/docker-entrypoint.sh"]
```

他には、次のように**/usr/local/bin/**へコピーしてシンボリックリンクを張っている方法もあるようです。

データ 5-2-2-3：Dockerfile

```
# ENTRYPOINTを設定する
COPY docker-entrypoint.sh /usr/local/bin/
RUN ln -s usr/local/bin/docker-entrypoint.sh / # backwards compat
ENTRYPOINT ["docker-entrypoint.sh"]
```

この方法はDockerの公式イメージなど旧バージョンとの互換性を重視している場合に見受けられます。昔のDockerでは、環境によってはイメージの/直下にファイルをコピーできない不具合があったようです。

5-2-3　ENTRYPOINTのたたき台

ここからは、ENTRYPOINTのスクリプトで用いられる例を紹介していきます。

まずはたたき台として、何もしない**docker-entrypoint.sh**を用意してみましょう。シェルスクリプトの書き方はディストリビューションによって微妙に異なるので、たたき台についてはUbuntuとAlpine Linuxの2つを取り上げます。

Ubuntuの場合

Ubuntuの場合はシェルとしてbashが使えるようになっているので、これを使うのが適切です。DebianやCentOSベースのイメージでも同様に対応できます。

Dockerfileを次の内容で用意します。

データ5-2-3-1：Dockerfile

```
FROM ubuntu:18.04

COPY docker-entrypoint.sh /
RUN chmod 755 /docker-entrypoint.sh
ENTRYPOINT ["/docker-entrypoint.sh"]

# FROMで指定したベースイメージで設定されているが、確認もかねて再設定してる
CMD ["/bin/bash"]
docker-entrypoint.sh は次の内容で用意します。

#!/bin/bash
set -euo pipefail

exec "$@"
```

このスクリプトはパラメータで渡された内容をそのままexecで実行しています。引数として指定している「"$@"」の部分は、スクリプトに渡されたパラメータを展開するための特殊なパラメータです。ENTRYPOINTを設定した場合、**CMD**で指定したコマンドはパラメータで渡されるようになります。ここのスクリプトで何もせずに終了してしまうと、CMDでコマンドを指定しても実行されなくなることに注意してください。

また、コマンドを実行する際にexecを使うこともポイントです。前述したシェル記法で設定された場合と同様に、execを使わずに実行するとシェルのプロセスが残ったままとなります。その結果、実行したコマンドのPIDが1ではなくなり、シグナルが届かなくなる点に注意してください。

execの前に**set**コマンドでオプションをセットしています。eオプションをセットすると、後続のコマンドがエラーになった時点でスクリプト全体がエラー終了するようになります。もう一つのuオプションをセットすると、未設定の変数やパラメータを展開しようとした場合は（空文字に展開されるのではなく）エラーとして扱われるようになります。最後の**-euo pipefail**オプションは、パイプ(|)の左側がエラーになった場合にコマンド全体をエラーとするためのオプションです。

これらのオプションはエラー処理の簡略化や変数名のtypoチェックに役立ちますので、設定するようにしておいたほうがよいでしょう。

Alpine Linuxの場合

Alpine Linuxの場合、容量を節約するためにコマンドがBusyBoxベースになっています。Docker公式のalpineイメージではbashがインストールされていないため、次のいずれかの対応が必要になります。

- スクリプトファイルの先頭行を**#!/bin/sh**にして、BusyBoxのshを使うようにする
- Dockerfileに**RUN apk add --no-cache bash**を加え、bashをインストールする

/bin/bashの代わりに**/bin/sh**を使う場合、ベースイメージの違いに注意してください。Alpine Linuxの環境では、前述の通り/bin/shを指定するとBusyBoxのshが使われます。CentOSの環境ではbashが使われるので違いが（ほぼ）ありませんが、DebianやUbuntuの環境ではashベースのdashが使われるようになっています。単純なスクリプトだと/bin/shにしても動作することが多いですが、それぞれ細かな違いがあることに注意してください。

5-2-4 コマンドの内容を編集する

コンテナでは一つの特定のプロセスのみを動かすことが一般的です。その場合、デフォルトでは目的のコマンドが実行されるようにしておき、**docker run**の引数からコマンドやオプションを追加（もしくは上書き）できると便利です。

特定のコマンドが実行されるようにする

デフォルトで立ち上がるコマンドはCMDで設定することができますが、**docker run**に引数を与えるとイメージ側の設定が上書きされてしまいます。上記の**docker-entrypoint.sh**を次のようにすると、常に同じコマンドを実行するようになります。

データ5-2-4-1：docker-entrypoint.sh
```
#!/bin/bash
set -euo pipefail

exec top -b "$@"
```

上記の例はDockerのリファレンスにあるものを参考に、**top**コマンドをバッチモードで実行するようにしました。
これに対応する**Dockerfile**を次の内容で用意します。

データ5-2-4-2：Dockerfile

```
FROM ubuntu:18.04

COPY docker-entrypoint.sh /
RUN chmod 755 /docker-entrypoint.sh
ENTRYPOINT ["/docker-entrypoint.sh"]

CMD ["-n", "1"]
```

次のようにイメージをビルドして動作を確認してみます。

コマンド5-2-4-1

```
$ docker build -t top .
Sending build context to Docker daemon  3.072kB
Step 1/4 : FROM ubuntu:18.04

                     ...中略...

Successfully tagged top:latest
$ docker run --rm -it top
top - 10:25:25 up  1:42,  0 users,  load average: 0.00, 0.05, 0.06
Tasks:   1 total,   1 running,   0 sleeping,   0 stopped,   0 zombie
%Cpu(s):  0.2 us,  0.3 sy,  0.0 ni, 99.5 id,  0.0 wa,  0.0 hi,  0.0 si,  0.0 st
KiB Mem :  2046892 total,   205632 free,   268808 used,  1572452 buff/cache
KiB Swap:  1048572 total,  1048508 free,       64 used.  1590268 avail Mem

   PID USER      PR  NI    VIRT    RES    SHR S  %CPU %MEM     TIME+ COMMAND
     1 root      20   0   36480   3040   2692 R 100.0  0.1   0:00.03 top
```

docker runに与えている**top**はイメージ名です。イメージ名をコマンド名と揃えることで、あたかも本来のコマンドを実行するかのようにコンテナを実行することができています。出力からはわかりにくいですが、CMDの設定に従って**-n 1**オプションが追加されているので、一度だけ出力したあとはコンテナ（**top**プロセス）が終了しています。

続けて、コマンドのパラメータも出力するために-cオプションをつけてみます。

コマンド 5-2-4-2

```
$ docker run --rm top -c -n 1 -w 512
top - 10:28:31 up  1:45,  0 users,  load average: 0.11, 0.05, 0.05
Tasks:   1 total,   1 running,   0 sleeping,   0 stopped,   0 zombie
%Cpu(s):  0.2 us,  0.3 sy,  0.0 ni, 99.5 id,  0.0 wa,  0.0 hi,  0.0 si,  0.0 st
KiB Mem :  2046892 total,   204992 free,   269144 used,  1572756 buff/cache
KiB Swap:  1048572 total,  1048508 free,       64 used.  1589824 avail Mem

  PID USER      PR  NI    VIRT    RES    SHR S  %CPU %MEM     TIME+ COMMAND
    1 root      20   0   36480   3032   2680 R   0.0  0.1   0:00.02 top -b -c -n 1 -w 512
```

出力から、実行しているコマンドが**top -b -c -w 512 -n 1**であることがわかります。ここでは**docker run**でCMDの設定を上書きしているので、Dockerfileで指定した**-n 1**オプションが含まれていないことに注意してください。

他のコマンドも実行できるようにする

ENTRYPOINT側のスクリプトでコマンドを明示してしまうと、他のコマンドを指定できなくなってしまう問題があります。CMDで渡されたパラメータを確認して、必要な場合に限ってデフォルトのコマンド名が設定されるほうが便利です。

パラメータが空かオプション（-）から始まっている場合に限り、デフォルトのコマンドが設定されるようにしてみましょう。先ほどexecしていた部分を次のようにします。

データ 5-2-4-3：docker-entrypoint.sh

```
if [ -z "${1+x}" ] || [ "${1#-}" != "$1" ]; then
    set -- top -b "$@"
fi

exec "$@"
```

上記のifコマンドで、スクリプトに渡された先頭のパラメータ($1)をチェックしています。
最初の**[-z "${1+x}"]**では先頭のパラメータが未定義であるかをチェックしています。この部分は-zで評価しているので、続く**"${1+x}"**の値が空文字列の場合に真になります。先頭のパラメータが未定義(パラメータが空)の場合は**"${1+x}"**の部分が空文字列になり、それ以外の場合は文字列xになります。先頭のパラメータが空文字列の場合、この条件は偽になることに注意してください。

もう一つの**["${1#-}" != "$1"]**では、パラメータが空もしくは-から始まっているかをチェックしています。**"${1#-}"**の部分は、先頭のパラメータが-から始まっていれば-を削除した文字列になり、そうでない場合は元の文字列そのままになります。条件がこの部分だけだと、パラメータが空の場合に未定義パラメータを参照することになります。set -uをしていた場合は評価した時点でエラーになることに注意してください。

2つの条件のどちらかが真であれば、**set --**でパラメータをセットし直しています。この場合は**top -b "$@"**なので、元のパラメータの先頭に**top -b**が挿入されたものが新しいパラメータになります。この例はRedisの公式イメージで使われている処理を参考にしました。

https://github.com/docker-library/redis/blob/master/5.0/docker-entrypoint.sh

データ5-2-4-4:docker-entrypoint.sh

```
# first arg is `-f` or `--some-option`
# or first arg is `something.conf`
if [ "${1#-}" != "$1" ] || [ "${1%.conf}" != "$1" ]; then
    set -- redis-server "$@"
fi
```

この処理では条件が異なり、(スクリプト中では**set -u**していないので)未定義かどうかのチェックがありません。また、オプションだけでなく**something.conf**といった.confで終わるファイル名も受け付けるようになっています。

5-2-5 前処理を実行させる

ENTRYPOINTで指定したスクリプトでは、本来のコマンドをexecで実行する前にコマンドを実行することで、何らかの前処理を行わせることができます。

存在すべきでないファイルを削除する

コンテナ環境は作成時に同じ状態で作られるようになっていますが、コンテナをstart、stopした場合には前の状態が残っています。そのような状態でも正しく動作するために、ファイルのクリーンアップなどが必要になる場合があります。たとえば、Railsの場合はPIDファイルが残っているとサーバーの立ち上げ時にエラーになります。PIDファイルは、`docker stop`でコンテナを止めたりホスト環境のディレクトリをマウントしている場合に残ったままになっていることがあります。

次のようにファイルを削除しておくことで、そのような場合でも確実にサーバーが立ち上がるようにしておくことができます。

データ5-2-5-1：docker-entrypoint.shの例

```
# PIDファイルがあれば削除しておく
rm -f /app/tmp/pids/server.pid
```

特定ディレクトリから処理内容を読み込む

Docker公式のmysqlイメージやpostgresイメージでは、初期化動作をカスタマイズするための/**docker-entrypoint-initdb.d/**ディレクトリが用意されています。このディレクトリにスクリプトファイルやSQLファイルを配置しておくと、DBを初期化する際にこれらのファイルを評価するようになっています。

ディレクトリから見えるファイルを実行しているため、イメージにファイルを追加するだけでなく、ボリュームをマウントすることでも初期化処理をカスタマイズできるのが便利です。

ここではmysqlイメージのスクリプトから、該当する処理の部分を見てみましょう。インデントは見やすくするために切り詰めました。

https://github.com/docker-library/mysql/blob/master/8.0/docker-entrypoint.sh

データ5-2-5-2：docker-entrypoint.shの例

```bash
#!/bin/bash
set -eo pipefail
shopt -s nullglob

# ...中略...

ls /docker-entrypoint-initdb.d/ > /dev/null
for f in /docker-entrypoint-initdb.d/*; do
        process_init_file "$f" "${mysql[@]}"
done
```

/docker-entrypoint-initdb.d/ディレクトリの下にある各々のファイル名に対して**process_init_file**を実行しています。ワイルドカード展開の場合、マッチしたファイルはアルファベット順にソートされて展開されるのがポイントです。ファイル名を0埋めした数値から始まるように（**00-vars.sh, 01-query1.sql, 99-finalize.sh**のように）しておくと、スクリプトの実行順がわかりやすくなります。スクリプトの先頭ではsetコマンドのほかに**shopt -s nullglob**を設定していることに注意してください。ディレクトが空の場合、この設定をしておかないとワイルドカードが展開されない**/docker-entrypoint-initdb.d/***が渡されてしまいます。また、`for`コマンドの前に`ls`コマンドを実行しているところもポイントです。ディレクトリにアクセスできない場合、ここでエラー終了するようになっています。

process_init_fileの呼び出しにある"**${mysql[@]}**"の部分は、配列変数の内容を引数に展開しています。配列変数はbashでのみ使える記法で、shでは使えないことが多いです。Alpine Linuxではshを使うことが多いので注意してください。

process_init_fileは、同じスクリプトで次のように定義されています。

データ5-2-5-3：process_init_file

```bash
# usage: process_init_file FILENAME MYSQLCOMMAND...
#    ie: process_init_file foo.sh mysql -uroot
# (process a single initializer file, based on its extension. we define this
# function here, so that initializer scripts (*.sh) can use the same logic,
# potentially recursively, or override the logic used in subsequent calls)
process_init_file() {
        local f="$1"; shift
        local mysql=( "$@" )

        case "$f" in
                *.sh)     echo "$0: running $f"; . "$f" ;;
```

```
                *.sql)    echo "$0: running $f"; "${mysql[@]}" < "$f"; echo ;;
                *.sql.gz) echo "$0: running $f"; gunzip -c "$f" | "${mysql[@]}"; echo ;;
                *)        echo "$0: ignoring $f" ;;
        esac
        echo
}
```

コメントにもあるとおり、この処理が関数として定義されており、.shで終わるスクリプトファイルを.(source)コマンドで評価していることがポイントです。評価先のスクリプトでもこの関数が定義されたままなので、別の場所にある初期化処理も再帰的に呼び出すことができるようになっています。

設定ファイルなどを書き換える

Dockerではコンテナの設定を環境変数で渡す方法が一般的ですが、アプリケーションによっては環境変数を参照して設定を適用することが難しい場合があります。その場合は設定ファイルなどを書き換えたりする必要があります。

よくあるのがnginxコンテナの設定をカスタマイズするケースです。nginxの設定ファイルでは、環境変数の値を簡単に取り出す方法が用意されていません（モジュールを組み合わせたテクニックが必要です）。そのため、プロセスを立ち上げる前に設定ファイルを書き換えてしまうほうが簡単なことがあります。

ファイルの内容を書き換える方法はいくつかありますが、ここでは原始的なsedコマンドを使った方法と、envsubstコマンドを使う方法を紹介します。環境によっては、何らかのテンプレートエンジンを使ったほうが簡単な場合もあるでしょう。Rubyであればerb、Pythonであればjinja2パッケージ、Goであればtemplateパッケージなどが挙げられます。

sedコマンドを使う

ファイルの内容を編集するための原始的なコマンドにsedがあります。sedはBusyBoxでも提供されており、利用できる場面が多いのがメリットです。

書き換え対象のファイルをconfigとした場合、sedを使う場合は次のように記述します。

データ5-2-5-4：sedコマンドの例

```
sed -i -e "s/__HOGE__/${HOGE:-hoge}/g;s/__FUGA__/${FUGA:-fuga}/g" config
```

この例では、元のファイルにある__HOGE__と__FUGA__の部分を、それぞれ環境変数HOGEとFUGAの値で書き換えるようにしています。環境変数は**${HOGE:-hoge}**のように展開しているので、未定義か空文字列であった場合には**:-**に続く**hoge**がデフォルト値として展開されるようになっています。

-iオプションは指定されたファイルの中身を直接編集するためのオプションです。**-i.bak**のように指定すると、元のファイルが**config.bak**として保存されるようになっています。

-e "..."オプションはスクリプトを追加するためのオプションです。これは複数指定できるので、次のように複数行のコマンドとして記述してもよいでしょう。

データ5-2-5-5：sedコマンドを複数行で記述する例

```
sed -i \
    -e "s/__HOGE__/${HOGE:-hoge}/g" \
    -e "s/__FUGA__/${FUGA:-fuga}/g" \
    config
```

スクリプトにある**s/.../.../g**は文字列を置き換えるためのコマンドです。この例では、変数の値を展開した結果がスクリプトの内容になっていることに注意してください。すなわち、**$HOGE**の値に**/**が含まれているとスクリプトが正しく動作しなくなってしまいます。その場合、**"s!__HOGE__!${HOGE}!g"**のように区切り文字に別の文字を使う必要があります。

envsubstコマンドを使う

もう一つの方法として、**envsubst**コマンドを使う方法を紹介します。

envsubstコマンドは**gettext**ツールの一部として提供されています。UbuntuやDebianの場合、次のように**gettext-base**パッケージをインストールしておく必要があります。

データ5-2-5-6：Dockerfileでgettext-baseをインストールする

```
RUN apt-get update && \
    apt-get install -y --no-install-recommends gettext-base
```

envsubstコマンドは書き換え元の内容を標準入力から読み込み、書き換え後の内容を標準出力に書き出します。

コマンド 5-2-5-1

```
$ echo 'command: "$_", path: "${PATH}"'
command: "$_", path: "${PATH}"
$ echo 'command: "$_", path: "${PATH}"' | envsubst
command: "/usr/bin/envsubst", path: "/usr/local/sbin:/usr/local/bin:/usr/sbin:/usr/bin:/sbin:/bin"
```

書き換える部分はシェルスクリプトの変数展開と同様で**$HOGE**や**${HOGE}**のように設定します。そのため、上記の例ではシェル側で展開しないようにシングルクォートを使っていることに注意してください。

envsubstコマンドでは、(ドキュメントによればセキュリティ上の理由から)**${HOGE:-hoge}**のような高度な記法が使えないようになっています。必要に応じてスクリプト側でデフォルト値を設定するようにしてください。

コマンド 5-2-5-2

```
$ echo 'hoge: "${HOGE:-hoge}"' | envsubst
hoge: "${HOGE:-hoge}"
$ echo 'hoge: "${HOGE}"' | HOGE=${HOGE:-hoge} envsubst
hoge: "hoge"
```

config.inから読み込んで**config**に書き出す場合、シェルのリダイレクトを用いて次のように実行します。ここで同一のファイルを指定してはいけないことに注意してください。

データ 5-2-5-7：envsubst コマンドの例

```
< config.in > config
```

envsubstのデフォルト動作では、変数展開のパターンになっている部分は全て(未定義の場合でも空文字列へ)展開するようになっています。引数で展開対象の環境変数を限定することもできます。環境変数**HOGE**と**FUGA**の値のみを書き換える場合は次のように実行します。

データ 5-2-5-8：envsubst コマンドで対象の環境変数を指定する例

```
envsubst '$HOGE' '$FUGA' < config.in > config
```

5-3 ボリュームとネットワーク

コンテナを動かすにあたって、イメージ（ファイルシステム）とエントリーポイント（プログラム）の他に重要な要素として、ボリュームとネットワークがあります。

ボリュームは、データをコンテナのライフサイクルや環境と独立して保持するために用いられます。ネットワークについては、Dockerはコンテナ内でのみ通信できる独立したネットワークを構築する機能を持っています。これを上手く使うことで、同じホスト環境で動作しているコンテナでも、コンテナとコンテナがあたかも別々のホストで通信しているように見せかけることができます。

5-3-1 Docker Desktop for Macでのボリューム共有

Docker Desktopでは、Dockerコンテナが動作するDockerホストのLinux環境は仮想マシンで動作しています。Docker Desktop for Macでは**osxfs**と呼ばれるファイルシステムを用意することで、仮想マシンで動作しているLinux環境から、仮想マシンのホスト環境であるMac環境のディレクトリへアクセスできるようになっています。

そのため、コンテナからホスト環境ディレクトリのディレクトリへアクセスするためには仮想マシンとのやりとりが必要になります。簡単なプログラムを動作させている限りは十分ですが、大量のファイルアクセスが発生する場合はパフォーマンスの低下が避けられません。

本書で紹介したNodeやRailsの開発などでは、大量のファイルアクセスが都度発生したりファイル変更の通知が必要になります。そのため、そのままの構成では速度が問題になることがあります。

マウントオプションを設定してキャッシュが効くようにする

Docker Desktop for Macで用いられているosxfsでは、コンテナ環境（仮想マシン）とホスト環境（Mac環境）でファイルの一貫性を犠牲にしてパフォーマンスを改善するためのオプションが提供されています。このオプションはDocker CE 17.06以降で使えるようになりました。

提供されているオプションは次の3通りです。

表5-3-1-1：ボリュームをマウントする際に指定できるオプション

オプション	解説
consistent	完全な一貫性を提供する（ホスト環境とコンテナ環境では常に同じ内容が見えている）
cached	ホスト環境で見えている内容を正式なものとする（ホスト環境で行われた変更は、コンテナ環境に反映されるまで遅延することがある）
delegated	コンテナ環境で見えている内容を正式なものとする（コンテナ環境で行われた変更は、ホスト環境に反映されるまで遅延することがある）

デフォルトで使われるのは最も一貫性のあるconsistentで、下に行くほど緩い一貫性になり、パフォーマンスも向上します。

オプションはマウントするボリューム単位で指定でき、`docker run`では`--volume`（`-v`）オプションを次のように指定します。

コマンド5-3-1-1

```
$ docker run -v "$(pwd):/app:cached" ruby
```

Docker ComposeのComposeファイルでは、次のように指定します。

データ5-3-2-1：docker-compose.yml

```
services:
  app:
    volumes:
      - .:/app:cached
```

NFSでボリュームを共有する

Docker CE 18.03以降では、NFS経由でのボリューム共有も使えるようになりました。これを使うことで、osxfsよりもファイルアクセスのパフォーマンスを改善することができます。

MacでNFSサーバーを設定する

Docker Desktop for MacでNFSボリュームを使う場合、あらかじめMac環境でNFSサーバーを設定しておく必要があります。

NFSで共有できるディレクトリを設定するため、エディタで**/etc/exports**ファイルを作成します。ここではviを使いました。

コマンド5-3-1-2
```
$ sudo vi /etc/exports
```

ファイルの内容は次のようにします。この場合はホームディレクトリの下をマウントできるようにする設定になります。

データ5-3-1-2：/etc/exports
```
/Users -alldirs -mapall=501:20 localhost
```

ここで、設定にある501:20はログインユーザーのUIDとGIDに置き換えてください。この値は次のようにして確認することができます。

コマンド5-3-1-3
```
$ id -u
501
$ id -g
20
```

-alldirsオプションを指定すると、最初の部分に指定されたディレクトリだけでなく、下にある全てのディレクトリ（例えば/Users/hogehoge/source/app）からもマウントできるようになります。-mapallオプションを指定すると、すべてのファイルアクセスが指定されたUIDとGIDに変換されるようになります。すなわち、Dockerコンテナではrootユーザーとして書き込んだとしても、osxfsと同様にログインユーザーとしてアクセスしたものとして扱われるようになります。

続けて、エディタで**/etc/nfs.conf**ファイルを編集します。

コマンド5-3-1-4
```
$ sudo vi /etc/nfs.conf
```

ファイルの内容は次のようにします。

データ5-3-1-3：/etc/nfs.conf

```
#
# nfs.conf: the NFS configuration file
#
nfs.server.mount.require_resv_port = 0
```

nfs.server.mount.require_resv_port = 0を加えることで、Linux環境からNFSマウントできるようになります。
設定を反映させるためにサーバーを再起動します。

コマンド5-3-1-5

```
$ sudo nfsd restart
```

NFSボリュームをマウントする

このNFSサーバーで公開されている場所へアクセスするボリュームを作成することで、コンテナからボリューム経由でアクセスできるようになります。
NFS経由でカレントディレクトリをマウントしたボリュームを作成するには、次のコマンドを実行します。

コマンド5-3-1-6

```
$ docker volume create --driver local --opt type=nfs --opt o=addr=host.docker.internal,actimeo=1
--opt device=":$(pwd)" nfs-host-app
nfs-host-app
```

addr=host.docker.internalの部分で接続先を設定しています。Docker Desktop for Macの場合、Dockerが動いている仮想マシンからは、ホスト名**host.docker.internal**を使うとホスト環境のMacにアクセスできるようになっています。オプションで指定している**actimeo=1**は、NFSサーバーのディレクトリやファイルの状態をキャッシュする時間（秒単位）です。**device=":$(pwd)"**オプションで、マウント先の場所を設定しています。**pwd**コマンドで取得したカレントディレクトリの場所を設定しています。

作成したボリュームは--volume (-v)オプションでマウントできます。

コマンド5-3-1-7
```
$ docker run --rm -it -v nfs-host-app:/app ubuntu:18.04
```

ボリュームを削除する場合はdocker volume rmを使います。

コマンド5-3-1-8
```
$ docker volume rm nfs-host-app
nfs-host-app
```

同様の構成をDocker Composeファイルで定義することもできます。**docker-compose.yml**を次のように作成してください。

データ5-3-1-4：docker-compose.yml
```
version: "3"

services:
  app:
    image: ubuntu:18.04
    working_dir: /app
    volumes:
      - host-app:/app

volumes:
  host-app:
    driver_opts:
      type: nfs
      o: "addr=host.docker.internal,actimeo=1"
      device: ":${PWD}"
```

5-3-2 インストール時に作成されるネットワーク

Dockerをインストールした直後では3種類のネットワークが作成されます。docker network lsでネットワークの一覧を確認してみましょう。

コマンド 5-3-2-1

```
$ docker network ls
NETWORK ID          NAME                DRIVER              SCOPE
6c5f283303b4        bridge              bridge              local
3db7b8f6c012        host                host                local
7d986543024f        none                null                local
```

出力からわかるように、それぞれ**bridge**、**host**、**none**のネットワーク名で作成されています。

bridgeネットワーク

docker runでコンテナを作成する場合、デフォルトではbridgeが使われるようになっています。次のようにコマンドを実行して確認してみましょう。ここでは出力のJSONを整形するためにjqコマンドを使っています。

コマンド 5-3-2-2

```
$ docker run --rm -d --name network_test nginx:1.15-alpine
3677e99d8e18481e5ff62ca046c8ddc0c9f9fe1e33502ec5131f01bb444e71cf
$ docker inspect --format '{{json .NetworkSettings.Networks}}' network_test | jq
{
  "bridge": {
    "IPAMConfig": null,
    "Links": null,
    "Aliases": null,
    "NetworkID": "6c5f283303b4dd4ba63c01d39b852e1a4805baa4d0872850da5595699210b03c",
    "EndpointID": "7376ee7bc95386b422b259f8fb9c0fc32b89f9cdd994ebcf7321759284df09e0",
    "Gateway": "172.17.0.1",
    "IPAddress": "172.17.0.2",
    "IPPrefixLen": 16,
    "IPv6Gateway": "",
    "GlobalIPv6Address": "",
    "GlobalIPv6PrefixLen": 0,
    "MacAddress": "02:42:ac:11:00:02",
    "DriverOpts": null
  }
}
```

このコンテナではbridgeネットワーク（ネットワーク名）が用いられていて、コンテナのIPアドレスは **172.17.0.2**であることがわかります。

コンテナ内部から見えるネットワーク設定も確認してみます。

コマンド5-3-2-3

```
$ docker exec -it network_test hostname
3677e99d8e18
$ docker exec -it network_test ip address show
1: lo: <LOOPBACK,UP,LOWER_UP> mtu 65536 qdisc noqueue state UNKNOWN qlen 1
    link/loopback 00:00:00:00:00:00 brd 00:00:00:00:00:00
    inet 127.0.0.1/8 scope host lo
       valid_lft forever preferred_lft forever
2: tunl0@NONE: <NOARP> mtu 1480 qdisc noop state DOWN qlen 1
    link/ipip 0.0.0.0 brd 0.0.0.0
3: ip6tnl0@NONE: <NOARP> mtu 1452 qdisc noop state DOWN qlen 1
    link/tunnel6 00:00:00:00:00:00:00:00:00:00:00:00:00:00:00:00 brd 00:00:00:00:00:00:00:00:00:00:00:00:00:00:00:00
9: eth0@if10: <BROADCAST,MULTICAST,UP,LOWER_UP,M-DOWN> mtu 1500 qdisc noqueue state UP
    link/ether 02:42:ac:11:00:02 brd ff:ff:ff:ff:ff:ff
    inet 172.17.0.2/16 brd 172.17.255.255 scope global eth0
       valid_lft forever preferred_lft forever
$ docker rm -f network_test
network_test
```

先ほどのIPアドレスがeth0デバイスに割り当てられていることが確認できます。

hostネットワーク

続いて、hostネットワークへ接続した場合の構成を確認してみましょう。

コンテナに接続するネットワーク名は**docker run**の**--network**オプションで設定することができます。

コマンド5-3-2-4

```
$ docker run --rm -d --network host --name network_host_test nginx:1.15-alpine
5ba281baa8f7ec28f266308377b9068269c436b43a260aa48bf6af099dd7dde2
$ docker inspect --format '{{json .NetworkSettings.Networks}}' network_host_test | jq
{
  "host": {
```

```
    "IPAMConfig": null,
    "Links": null,
    "Aliases": null,
    "NetworkID": "3db7b8f6c0126ec155cba0503c937aba315ba499d6679742acc9739a8a2d1e7e",
    "EndpointID": "f5b1a702c4c39667245cffbf1316ddd22375329604b9a7d3718e19635241990c",
    "Gateway": "",
    "IPAddress": "",
    "IPPrefixLen": 0,
    "IPv6Gateway": "",
    "GlobalIPv6Address": "",
    "GlobalIPv6PrefixLen": 0,
    "MacAddress": "",
    "DriverOpts": null
  }
}
```

bridgeネットワークとは異なり、IPアドレスの設定がないことがわかります。コンテナ内部から見えるネットワーク設定を確認してみます。

コマンド 5-3-2-5

```
$ docker exec -it network_host_test hostname
linuxkit-025000000001
$ docker exec -it network_host_test ip address show
1: lo: <LOOPBACK,UP,LOWER_UP> mtu 65536 qdisc noqueue state UNKNOWN qlen 1
    link/loopback 00:00:00:00:00:00 brd 00:00:00:00:00:00
    inet 127.0.0.1/8 brd 127.255.255.255 scope host lo
       valid_lft forever preferred_lft forever
    inet6 ::1/128 scope host
       valid_lft forever preferred_lft forever
2: eth0: <BROADCAST,MULTICAST,UP,LOWER_UP> mtu 1500 qdisc pfifo_fast state UP qlen 1000
    link/ether 02:50:00:00:00:01 brd ff:ff:ff:ff:ff:ff
    inet 192.168.65.3/24 brd 192.168.65.255 scope global eth0
       valid_lft forever preferred_lft forever
    inet6 fe80::50:ff:fe00:1/64 scope link
       valid_lft forever preferred_lft forever
3: tunl0@NONE: <NOARP> mtu 1480 qdisc noop state DOWN qlen 1
    link/ipip 0.0.0.0 brd 0.0.0.0
4: ip6tnl0@NONE: <NOARP> mtu 1452 qdisc noop state DOWN qlen 1
    link/tunnel6 00:00:00:00:00:00:00:00:00:00:00:00:00:00:00:00 brd 00:00:00:00:00:00:00:00:
00:00:00:00:00:00:00:00
5: docker0: <NO-CARRIER,BROADCAST,MULTICAST,UP> mtu 1500 qdisc noqueue state DOWN
    link/ether 02:42:6a:85:ae:c0 brd ff:ff:ff:ff:ff:ff
```

```
      inet 172.17.0.1/16 brd 172.17.255.255 scope global docker0
         valid_lft forever preferred_lft forever
      inet6 fe80::42:6aff:fe85:aec0/64 scope link
         valid_lft forever preferred_lft forever
$ docker exec -it network_host_test ip route show
default via 192.168.65.1 dev eth0
127.0.0.0/8 dev lo scope host
172.17.0.0/16 dev docker0 scope link  src 172.17.0.1
192.168.65.0/24 dev eth0 scope link  src 192.168.65.3
$ docker rm -f network_host_test
network_host_test
```

このコマンドはDocker Desktop for Macで実行しました。eth0デバイスに割り当てられているIPアドレスが**192.168.65.3**であることがわかります。このネットワーク構成はDockerのホスト環境に設定されているもので、Docker Desktop for Macの場合は次図の設定にあるIPアドレスが仮想マシンに割り当てられています。

図5-3-2-1：IPアドレスの設定

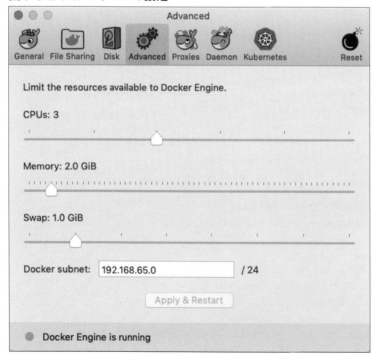

また、ホスト環境にはdocker0デバイスが存在していることもわかります。このIPアドレスは172.17.0.1となっており、先ほどのbridgeネットワークであることがわかります。

コマンド 5-3-2-6

```
$ docker network inspect -f '{{json .Options}}' bridge | jq
{
  "com.docker.network.bridge.default_bridge": "true",
  "com.docker.network.bridge.enable_icc": "true",
  "com.docker.network.bridge.enable_ip_masquerade": "true",
  "com.docker.network.bridge.host_binding_ipv4": "0.0.0.0",
  "com.docker.network.bridge.name": "docker0",
  "com.docker.network.driver.mtu": "1500"
}
$ docker network inspect -f '{{json .IPAM}}' bridge | jq
{
  "Driver": "default",
  "Options": null,
  "Config": [
    {
      "Subnet": "172.17.0.0/16",
      "Gateway": "172.17.0.1"
    }
  ]
}
```

noneネットワーク

noneネットワークは何も接続しないネットワークで、コンテナ内のネットワーク設定を無効にするために用いられます。
コンテナを立ち上げて、noneネットワークへ接続した場合の構成を確認してみましょう。

コマンド 5-3-2-7

```
$ docker run --rm -d --network none --name network_none_test nginx:1.15-alpine
6e5d1a17a3d725b00e469fef849aba62127bdbdb69f075aa9208277e8f121714
$ docker inspect --format '{{json .NetworkSettings.Networks}}' network_none_test | jq
{
  "none": {
    "IPAMConfig": null,
```

```
    "Links": null,
    "Aliases": null,
    "NetworkID": "7d986543024fcacd4b5f764244f7eb304dee48ce65b52e742a09b598441a07e0",
    "EndpointID": "dc2965fbdeff161719f30237d62fb66d174bfab1d330be1bb8aaf9fdb504a140",
    "Gateway": "",
    "IPAddress": "",
    "IPPrefixLen": 0,
    "IPv6Gateway": "",
    "GlobalIPv6Address": "",
    "GlobalIPv6PrefixLen": 0,
    "MacAddress": "",
    "DriverOpts": null
  }
}
```

hostネットワークと同様、IPアドレスの設定がないことがわかります。コンテナ内部から見えるネットワーク設定も確認してみます。

コマンド5-3-2-8

```
$ docker exec -it network_none_test hostname
6eeb5d83d89a
$ docker exec -it network_none_test ip address show
1: lo: <LOOPBACK,UP,LOWER_UP> mtu 65536 qdisc noqueue state UNKNOWN qlen 1
    link/loopback 00:00:00:00:00:00 brd 00:00:00:00:00:00
    inet 127.0.0.1/8 scope host lo
       valid_lft forever preferred_lft forever
2: tunl0@NONE: <NOARP> mtu 1480 qdisc noop state DOWN qlen 1
    link/ipip 0.0.0.0 brd 0.0.0.0
3: ip6tnl0@NONE: <NOARP> mtu 1452 qdisc noop state DOWN qlen 1
    link/tunnel6 00:00:00:00:00:00:00:00:00:00:00:00:00:00:00:00 brd 00:00:00:00:00:00:00:00:
00:00:00:00:00:00:00:00
$ docker exec -it network_none_test ip route show
# 出力なし
```

hostネットワークとは異なり、コンテナ内部にはeth0デバイスが存在せず、`ip route show`コマンドの出力が空であることからルーティング設定も存在しないことがわかります。

この場合、コンテナ内部で通信できる相手は127.0.0.1であるlocalhostのみになります。

次のようにpingコマンドを実行してみると、先に確認したDockerホスト環境の192.168.65.3にも通信できなくなっていることがわかります。

コマンド5-3-2-9

```
$ docker exec network_none_test ping -c 1 localhost
PING localhost (127.0.0.1): 56 data bytes
64 bytes from 127.0.0.1: seq=0 ttl=64 time=0.038 ms

--- localhost ping statistics ---
1 packets transmitted, 1 packets received, 0% packet loss
round-trip min/avg/max = 0.038/0.038/0.038 ms
$ docker exec network_none_test ping -c 1 192.168.65.3
PING 192.168.65.3 (192.168.65.3): 56 data bytes
ping: sendto: Network unreachable
```

5-3-3 独立したネットワークを利用する

Docker Composeでサービスを立ち上げる場合、特別な設定をしていない限りプロジェクト名のついたネットワークが用いられます。
次の**docker-compose.yml**を作成します。

データ5-3-3-1：docker-compose.yml

```
version: "3"

services:
  nginx:
    image: nginx:1.15-alpine
```

これを**docker-compose up**で立ち上げてみます。

コマンド5-3-3-1

```
$ docker-compose -p network_test up -d
Creating network "network_test_default" with the default driver
Creating network_test_nginx_1 ... done
$ docker network ls
NETWORK ID          NAME                DRIVER              SCOPE
```

```
6c5f283303b4        bridge                      bridge              local
3db7b8f6c012        host                        host                local
bef9c933a5e6        network_test_default        bridge              local
7d986543024f        none                        null                local
```

ここでは-p network_testでプロジェクト名をnetwork_testとしているため、新しくnetwork_test_defaultネットワークが作成されていることがわかります。このネットワークはデフォルトで作成されているbridgeネットワークと同じく、bridgeドライバを使うようになっています。立ち上がったコンテナのネットワーク設定を確認してみます。

コマンド5-3-3-2

```
$ docker inspect --format '{{json .NetworkSettings.Networks}}' network_test_nginx_1 | jq
{
  "network_test_default": {
    "IPAMConfig": null,
    "Links": null,
    "Aliases": [
      "4081ab970a83",
      "nginx"
    ],
    "NetworkID": "bef9c933a5e69c00dfc971ae4d70683d81462354f6d6d06331d583831e634920",
    "EndpointID": "41dca5b82b92a21b19e00b88e41ae8040f1b62b81049a2391b2ebf171d4eb424",
    "Gateway": "172.18.0.1",
    "IPAddress": "172.18.0.2",
    "IPPrefixLen": 16,
    "IPv6Gateway": "",
    "GlobalIPv6Address": "",
    "GlobalIPv6PrefixLen": 0,
    "MacAddress": "02:42:ac:12:00:02",
    "DriverOpts": null
  }
}
```

IPアドレスの範囲が、先ほどのbridgeネットワークとは別の172.18.0.2になっていることがわかります。
また、このコンテナにはエイリアスとして**4081ab970a83**とnginxがついていることもわかります。エイリアスに設定されているホスト名を使うことで、コンテナに割り当てられたIPアドレスへアクセスすることができます。

コマンド5-3-3-3

```
$ docker-compose -p network_test run --rm nginx ping -c 1 nginx
PING nginx (172.18.0.2): 56 data bytes
64 bytes from 172.18.0.2: seq=0 ttl=64 time=0.060 ms

--- nginx ping statistics ---
1 packets transmitted, 1 packets received, 0% packet loss
round-trip min/avg/max = 0.060/0.060/0.060 ms
```

このホスト名は接続されているネットワーク内でのみ有効です。次のようにプロジェクト名を別にして別のネットワークに接続すると、ホスト名が名前解決できなくなっていることがわかります。

コマンド5-3-3-4

```
$ docker-compose -p network_test_1 run --rm nginx ping -c 1 nginx
Creating network "network_test_1_default" with the default driver
ping: bad address 'nginx'
$ docker run --rm nginx:1.15-alpine ping -c 1 nginx
ping: bad address 'nginx'
```

5-3-4 プライベートIP帯の衝突回避について

ネットワークを作成していくとデフォルトでは172.17.0.0/16というIP帯が自動的に使われ、新規のネットワークを追加していくと172.18.0.0/16という形で2つめのセグメントの数字がインクリメントされた形で作られていきます。

それ自体はいいのですが、AWSのVPCネットワークとオフィスのネットワークを接続してプライベートIPで通信を行っているような環境だと、稀にAWSで設計したプライベートIP帯とDocker側で作成したネットワークのIP帯とが衝突してコンテナからクラウドサービス上のサーバーにつながらないといったことが発生したりします。

これを防ぐためにはdocker network createをする際に自分自身でネットワークのIP帯を指定する必要がありますが、その手段にも2通りの方法があります。

1つはdocker network createした後にdocker run --netによりコンテナを起動する方法と、もう1つはdocker-compose.ymlにnetwork設定を記述してdocker-compose upする方法です。

docker network create した後にdocker run --netによりコンテナを起動する方法

任意のIPを指定できるため、今回はgatewayを**172.12.0.1**、**subnet**を172.12.0.0/16とするブリッジネットワークを作成してみましょう。

コマンド5-3-4-1

```
$ docker network create --driver bridge --gateway=172.12.0.1 --subnet=172.12.0.0/16 my_network
baa66c9ae51e9b91afd81cc78815d947a834bc312f33c213eeb25a38525d2e76

$ docker network inspect my_network
[
    {
        "Name": "my_network",
        "Id": "baa66c9ae51e9b91afd81cc78815d947a834bc312f33c213eeb25a38525d2e76",
        "Created": "2018-12-31T06:21:58.527905722Z",
        "Scope": "local",
        "Driver": "bridge",
        "EnableIPv6": false,
        "IPAM": {
            "Driver": "default",
            "Options": {},
            "Config": [
                {
                    "Subnet": "172.12.0.0/16",
                    "Gateway": "172.12.0.1"
                }
            ]
        },
        "Internal": false,
        "Attachable": false,
        "Ingress": false,
        "ConfigFrom": {
            "Network": ""
        },
        "ConfigOnly": false,
        "Containers": {},
        "Options": {},
        "Labels": {}
    }
]
```

ブリッジネットワークができたので次にコンテナをこの上で起動させ、どんなIPが割り当てられたかをdocker inspectコマンドを使って確認してみましょう。

コマンド5-3-4-2

```
$ docker run --name my_network_container --rm --net my_network -d nginx
5076d995d3c2246ad71b22717ff2d97102031a8f68d9435fffd6ee456bfd69ac

$ docker inspect --format='{{range .NetworkSettings.Networks}}{{.IPAddress}}{{end}}' my_network_container
172.12.0.2
```

アドレスを確認すると、172.12.0.2となっており先程自分で作成したIP帯を利用していることがわかります。

docker-compose.ymlにnetwork設定を記述してdocker-compose upする方法

こちらはdocker-composeを使用したいときにどのIP帯を使って起動したいかを指定する方法です。次のようにdocker-compose.ymlを作成し、servicesで定義したコンテナのnetworkオプションに定義したネットワークの名前を書きましょう。

これにより先程と同じように自身で定義したIP帯のブリッジネットワークと、その上で動作するコンテナができあがります。

データ5-3-4-1：docker-compose.yml

```yaml
version: '3'

services:
 nginx:
   image: nginx
   networks:
     - my_network

networks:
  my_network:
    driver: bridge
    ipam:
      driver: default
```

```
        config:
          - subnet: 172.13.0.0/16
```

それでは**docker-compose up**により起動してみましょう。

コマンド5-3-4-3

```
$ docker-compose up
Creating 04_network_nginx_1_e67815fc4b09 ... done
Attaching to 04_network_nginx_1_1ecc28c85699
```

ではどんなIPが割り当てられたかを改めて**docker ps**コマンドと**docker inspect**コマンドを使って確認してみましょう。

コマンド5-3-4-4

```
$ docker ps
CONTAINER ID        IMAGE              COMMAND              CREATED           STATUS
PORTS               NAMES
720b83dcacb2        nginx              "nginx -g 'daemon of…"   20 minutes ago    Up 20
minutes             80/tcp             04_network_nginx_1_1ecc28c85699

$ docker inspect --format='{{range .NetworkSettings.Networks}}{{.IPAddress}}{{end}}' 720b83dcacb2
172.13.0.2
```

アドレスを確認すると、172.13.0.2となっており先程自分で作成したIP帯を利用していることがわかります。

索引

A

Alpine Linux	270
Alpineイメージ	272
amd64	012
Anaconda	209
aptコマンド	010
artisan	058
Aufs	007

B

bridgeネットワーク	309
build	043
build cache	073
BuildKit	277
bundle checkコマンド	104, 157
bundle install	136
bundle lockコマンド	157
Bundler	097
bundle remove sinatra-contrib	116
bundleコマンド	140
Byebug	167

C

cgroups	007
Choose features to install	064
chownコマンド	128
chroot	007
classic style	090
CLIツール	038
CMD	084, 290
CMD命令	161, 289
Community Edition (Docker CE)	009
composer	042
composer install	045
control groups	007
COPY命令	247
CUDAイメージ	227
CUDA対応したPyTorch	226

D

debパッケージ	142
Deep Learning Base AMI	223
Device Mapper	007
DevOps	002
disable_platform_warnings	157
dive	251
docker attach	167
Docker CE	009
Docker CEをインストール	013
Docker CLI	032
docker COMMAND --help	032
Docker Compose	008, 015
docker-compose build	138
docker-compose COMMAN	038
docker-compose logsコマンド	170
docker-compose rmコマンド	095
docker-compose run --rm app	092
docker-compose runコマンド	092
docker-compose stop	196
docker-compose upコマンド	078, 092
docker-compose versionコマンド	025
Docker Composeのコマンド	038
Docker Composeをインストール	015
docker container	034
Docker Desktop for Mac	004, 026
Docker Desktop for Windows	018
Docker EE	009
Dockerfileの命令	037

docker image	033
Docker, Inc.	006
docker infoコマンド	025
docker inspect	123
docker-machine	072
docker network create	317
docker run	074
docker stop	299
docker versionコマンド	024, 030
Dockerコマンド	032
Dockerのイメージ	007, 246
Dockerをインストールする	012
Dockerを削除する	009
dotenv	135

E

Enterprise Edition (Docker EE)	009
ENTRYPOINT	084, 289
ENTRYPOINT命令	289
envsubst	303
envsubstコマンド	302, 303
envコマンド	101

F

FROM命令	037, 248

G

gem	097
Gemfile	098
Gemfile.lock	104
gemコマンド	116
gettextツール	302
Git	069
GPU (CUDA)	221

GPUインスタンス (p3.2xlarge)	223
group_add	197

H

hello-worldコンテナ	014
hostネットワーク	310
Hyper-V	006, 018

I

immutable infrastructure	007
init: true	136
ip a	122
ip address show	122
ip route showコマンド	314
ipコマンド	123
irb	093, 094
irbコマンド	103

J

Jupyter Docker Stacks	191, 206
JupyterLab	188
JupyterLabのコンテナ	193
Jupyter Notebook	189

K

Keras	211

L

Laravel	040
LaravelのWelcome画面	051
Laravelの実行環境	045
lddコマンド	263
live code reloading	172

M

macOS	004
modular style	090
Multi-stage build	147, 267
MySQL	183
mysql2 gem	183
mysql2モジュール	262

N

NFS	305
NFSボリューム	307
Node.js	062, 084
Node.jsのパッケージ	151
nodeコマンド	088, 144
noneネットワーク	313
Nuxt.jp	062
Nuxt.js	064
NVIDIA	221
nvidia/cuda	225
NVIDIA Docker	223
nvidia-smi	224

O

OverlayFS	007

P

PHPの実行環境	040
PHPのフレームワーク	061
post-autoload-dump	049
post-create-project-cmd	049
POSTGRES_DB	179
PostgreSQL	178
post-root-package-install	049
pq gem	178
privileged access	028
pry-byebug	165
psコマンド	123
PyTorch	204, 210

R

Rails	134
rails console	159
rails consoleな	141
rails gem	135
Rails gem	154
rails new	135
rails server	135
railsコマンド	168
rakeコマンド	136, 168
RoR	134
rpmパッケージ	142
Ruby	089, 134
Ruby on Rails	134
Rubyアプリケーションの実行環境	089
rubyコマンド	119
RUN bundle install	146
RUN命令	247

S

sed	301
SHA256ハッシュ	145
Sinatra	089
sinatra-contrib	112
Sinatraアプリケーション	139
Sinatraをインストール	097
socketライブラリ	094
spring status	172
Springサーバー	172

sqlite3	159
ssコマンド	124
stableチャネル	012

T

tarball	145
tini	085
torchsummary	211
transform	217

U

Ubuntu	004, 009
unameコマンド	025

V

VirtualBox	006
Visdom	237
Visdom Readme.md	237
Visdomサーバー	238
visdomパッケージ	240
VMware Fusion	006
Vue.js	174

W

webpack-dev-server	172
webpacker gem	141
Windows 10	004, 018
wkhtmltopdf	248
wkhtmltopdf-binary gem	257
wkhtmltopdf_linux_amd64	257

X

x86_64	012
Xen	006

Y

YAMLファイル	008, 037
Yarn	142
yarn create nuxt-app	064
yarn install	073
yarn run dev	066
yarnコマンド	144

い

イメージ	246
イメージの管理コマンド	032
イメージのサイズ	249

え

エントリーポイント	289

か

仮想化	006

き

機械学習	204

こ

コマンドライン	005
コンテナ型の仮想化	006
コンテナの管理コマンド	033

そ

その他のコマンド	035

ね

ネットワーク	304
ネットワークの管理コマンド	035

索引

は
ハイパーバイザ型 …………………… 006

ふ
不変なインフラ ……………………… 007
プロビジョニング …………………… 003

ほ
ボリューム …………………………… 304
ボリュームの管理コマンド ………… 035

ま
マルチステージビルド ………… 267, 279

り
リポジトリを追加する ……………… 010

れ
レイヤー ……………………………… 246

ろ
ローカルでの開発環境 ………… 052, 076

著者プロフィール

櫻井 洋一郎（さくらい よういちろう）

Retty株式会社　エンジニア。東京大学大学院 情報理工学系研究科 創造情報学専攻2007年卒。NECの開発部門に7年間勤務。仕事の傍ら個人でサービスを開発し、過去に多数のWebサービス、アプリを開発。その後Retty株式会社の創業期にJoinし2度のiOSアプリリニューアルを遂行。iOS開発以外にもサーバーサイド開発、DockerとKubernetesを使った社内開発環境の構築など幅広い業務を行う。
また業務の傍らtry! Swift Tokyoでオーガナイザを務めるなどコミュニティ活動も行っている。

村崎 大輔（むらさき だいすけ）

2016年よりフリーランスエンジニア。博士（情報理工学）。
Web系のスタートアップ企業を中心に開発支援とコンサルティングを手がける。情報工学の見識と高い適応力が強み。
「新技術は食わず嫌いしない」がモットー。

編集者プロフィール

樋山 淳（ひやま じゅん）

広告デザイン会社からソフトウェア会社、出版社を渡り歩き、企画・編集会社である株式会社三馬力を2010年に起業。現在は書籍企画、編集者、テクニカルライターを兼務し、ディレクター兼コーダーとしてWebサイトの構築、運用も行っている。
URL：https://3hp.me

STAFF

編集・DTP：	株式会社三馬力
ブックデザイン：	Concent, inc.（深澤 充子）
カバーイラスト：	サタケシュンスケ
編集部担当：	角竹 輝紀

試して学ぶ Dockerコンテナ開発

2019年7月29日　初版第1刷発行

著者	櫻井 洋一郎、村崎 大輔
発行者	滝口 直樹
発行所	株式会社マイナビ出版

〒101-0003　東京都千代田区一ツ橋2-6-3 一ツ橋ビル 2F
　　　　　　TEL：0480-38-6872（注文専用ダイヤル）
　　　　　　TEL：03-3556-2731（販売）
　　　　　　TEL：03-3556-2736（編集）
　　　　　　編集問い合わせ先：pc-books@mynavi.jp
　　　　　　URL：https://book.mynavi.jp

印刷・製本　株式会社ルナテック

Copyright © 2019 Yoichiro Sakurai, Daisuke Murasaki
Printed in Japan
ISBN978-4-8399-6767-3

- 定価はカバーに記載してあります。
- 乱丁・落丁についてのお問い合わせは、TEL：0480-38-6872（注文専用ダイヤル）、電子メール：sas@mynavi.jpまでお願いいたします。
- 本書掲載内容の無断転載を禁じます。
- 本書は著作権法上の保護を受けています。本書の無断複写・複製（コピー、スキャン、デジタル化等）は、著作権法上の例外を除き、禁じられています。
- 本書についてご質問等ございましたら、マイナビ出版の下記URLよりお問い合わせください。お電話でのご質問は受け付けておりません。また、本書の内容以外のご質問についてもご対応できません。

　　　https://book.mynavi.jp/inquiry_list/